CARTE GÉOLOGIQUE DE L'ALGÉRIE

ÉTANT DIRECTEURS MM. POMEL ET POUYANNE

PALÉONTOLOGIE

MONOGRAPHIES

LES CARNASSIERS

PAR

A. POMEL

CORRESPONDANT DE L'INSTITUT

ALGER
IMPRIMERIE P. FONTANA &, Cº, RUE D'ORLÉANS, 29

1897

CARTE GÉOLOGIQUE DE L'ALGÉRIE

ÉTANT DIRECTEURS MM. POMEL ET POUYANNE

PALÉONTOLOGIE

MONOGRAPHIES

CARTE GÉOLOGIQUE DE L'ALGÉRIE

ÉTANT DIRECTEURS MM. POMEL ET POUYANNE

PALÉONTOLOGIE

MONOGRAPHIES

LES CARNASSIERS

PAR

A. POMEL

CORRESPONDANT DE L'INSTITUT

ALGER
IMPRIMERIE P. FONTANA & Cᵒ, RUE D'ORLÉANS, 29

1896

CARTE GÉOLOGIQUE DE L'ALGÉRIE

PALÉONTOLOGIE-MONOGRAPHIES

LES CARNASSIERS

PAR

A. POMEL

CORRESPONDANT DE L'INSTITUT

OBSERVATIONS PRÉLIMINAIRES

Les ossements de cet ordre de mammifères se sont rarement rencontrés dans nos gisements préhistoriques et toujours en fragments incomplets ou mal conservés, dont la détermination n'est pas toujours facile. Leur étude, cependant, nous révélera quelques faits intéressants qui prépareront des documents futurs.

GENRE FELIS

Le genre *felis* est bien nettement caractérisé par sa dentition qui marque le maximum de carnivorité par ses molaires tranchantes fonctionnant comme des lames de ciseaux, par l'extrême réduction de la partie tuberculeuse et par la simplification de la série des molaires, ordinairement ainsi constituée : $\frac{2}{2}$ avant-molaires ; $\frac{1}{1}$ carnassières ; $\frac{1}{0}$ tuberculeuse. La première avant-molaire est caduque chez quelques espèces : les lynx, les mégantheréon ; la tuberculeuse supérieure est parfois aussi atrophiée. La carnassière supérieure est toujours à trois lobes tranchants bien séparés ; l'inférieure est à deux lobes sans talons, ou avec un simple rudiment de talon au plus sous forme de lobule. On en a distrait, comme genre, une espèce pourvue de trois prémolaires des temps tertiaires.

La carnassière supérieure, avec ses trois lobes bien distincts, peut servir à grouper un certain nombre de genres ; celui des hyènes, d'abord, puis plusieurs autres des temps tertiaires dont la formule des molaires est plus compliquée ordinairement de nombres, ce qui a conduit des auteurs à les rapprocher des hyènes comme par exemple le *hyenarctos* qui est bien plutôt un ours par son système dentaire omnivore. On peut constituer une famille distincte avec ces carnivores à carnassière supérieure trilobée ; elle se sépare nettement des canides, vivérides, etc., chez lesquels cette dent n'a que deux lobes, l'antérieur s'élevant sur un tubercule interne.

DESCRIPTION DES ESPÈCES

FELIS SPELŒA GOLDF

Je dois à M. Blayac quelques ossements recueillis par lui dans des grottes du haut de l'Oued-Cham ; il y a certainement des dents de carnassiers du genre *felis*, dont une canine inférieure incontestable indique un animal de la taille du *felis spelœa*, Pl. X, fig. 1 et 2. La racine est brisée à son extrémité, mais la couronne montre les sillons caractéristiques des lions ; son diamètre antéro-postérieur à la naissance de l'émail est de 25^{mm} ; la hauteur du cône émaillé est de 55^{mm}.

Les figures 5 et 6, Pl. X, représentent une incisive extérieure supérieure et les figures 7 et 8, même Pl., représentent une deuxième incisive supérieure, probablement d'un même individu ; fig. 3 et 4 de la même Pl., représentent une carnassière inférieure avec ses deux lobes tranchants et ses deux racines très inégales. Les bords antérieur et postérieur de la couronne ne portent pas traces de lobules. La carnassière a, de longueur antéro-postérieure, 28^{mm} ; la même que dans le *felis spelœa* d'Europe. Je pense qu'il y a lieu, au moins provisoirement, de l'identifier à cette espèce.

Les fig. 11, 12 et 13, Pl. XIII, des Beni-Fouda, représentent une vertèbre cervicale que je ne puis comparer à celle du lion à défaut d'élément de comparaison ; il en est de même des fig. 9 et 10, même Pl., vertèbre dorsale probablement de grandes bêtes, ce que je ne puis vérifier, mais pourra l'être à l'aide de nos figures très exactes par les personnes qui auront cette occasion. Pl. VIII, fig. 5, 6 et 7, est aussi une cervicale de Bougie à rapporter probablement à la même espèce de *felis spelœa*. Autre vertèbre cervicale de Bougie, Pl. VIII, fig. 5, 6 et 7, indique le même type.

La Pl. IX, fig. 1, est une omoplate trouvée dans la grotte du Grand Rocher ; elle présente quelques différences avec celle du lion, mais elle est trop mal conservée pour être décrite, ses dimensions indiquent une taille voisine de celle du *felis spelœa* ; mais elle n'a pas été trouvée associée à des pièces suffisamment caractéristiques pour justifier, sans réserves, cette attribution.

La même réserve m'est imposée pour l'humérus de Pl. IX, fig. 2 et 3, qui est incontestablement celui d'un grand *felis*. L'obliquité de la poulie interne de l'articulation radio-cubitale. La présence du trou épicondylien interne ne laisse aucun doute, mais la brisure du condyle externe, l'écrasement de la région deltoïdienne du corps de l'os ne permettent guère des comparaisons utiles pour la spécification ; on peut remarquer, toutefois, que la ligne âpre qui descend de la crête deltoïdienne jusqu'au dessus du condyle, dans le tigre, fait ici absolument défaut. Cet os a été trouvé dans une fente de la mine de fer hématite de Beni-Saf, associé à des débris d'hippopotames, de gazelles, de canna et autres espèces, soit perdues, soit émigrées.

MENSURATION

Diamètre antéro-postérieur au milieu....................	45mm
— transversal au même point.....................	30
— antéro-postérieur de la tête articulaire inférieure..	54
Largeur épicondylienne à la hauteur du trou..............	60
Diamètre du condyle interne...........................	45

Le **cubitus**, figuré Pl. VII, fig. 4 et 5, a été recueilli dans la sablière de Palikao ou Ternifine, où il représente seul le grand *felis* et qu'en raison de sa taille je reporte provisoirement au *felis spelœa*. Ce n'est qu'un tronçon de sa partie supérieure montrant une partie du corps de l'os et au-dessus l'olécrâne presque complet, seulement un peu creusé sur ses bords ; cet olécrâne montre sa forte torsion habituelle qui le déjète en dehors. Le bord inférieur de la facette sigmoïde est bien étalé, mais son angle antérieur et la facette radiale ont été en partie éraillées sous la facette radiale ; le corps de l'os présente une dépression pour le radius, d'abord très marquée, puis s'oblitérant ; la tête supérieure de l'olécrâne est fortement marginée en arrière et se termine au sommet par une tubérosité tronquée.

MENSURATION

Largeur antéro-postérieure sous la face sigmoïde..........	45mm
— de la partie inférieure de la cavité sigmoïde.......	33
— — supérieure de la même...............	21
— du fond de la cavité sigmoïde au bord postérieur de l'os....................................	30
Longueur de l'olécrâne au-dessus de la facette sigmoïde....	42
Diamètre de cette facette..............................	37
— antéro-postérieur (plus petit) de l'olécrâne........	36
— — du haut de la facette sigmoïde au bord postérieur de l'os....................	42

Ce n'est qu'avec doute que je rapporte, à la même espèce, un tronçon de fémur qui montre une proportion analogue, mais qui a été trouvé dans un gisement avec des espèces pléistocènes dans des travaux de construction de routes de St-Arnaud aux Beni-Fouda, à l'Est de Sétif, et nous a été communiqué par M. Reus, ingénieur des ponts et chaussées à Sétif ; il est représenté Pl. VI, fig. 3 et 4. Cet os est également mutilé, incomplet à la partie inférieure, privé en haut de sa tête articulaire, de son grand trochanter, ayant cependant conservé un reste de la traverse oblique qui lui rattache le petit trochanter. La ligne âpre détachée du grand trochanter est très saillante sur le côté extérieur de l'os, qui est fortement anguleux. En avant du petit trochanter descend une longue nervure rugueuse, dont il n'y a que de faibles traces dans le fémur du Grand Rocher, de telle sorte que celui-ci pourrait bien avoir appartenu à une autre espèce qui serait un peu plus ancienne. En l'état il est impossible de résoudre la question.

Le diamètre antéro-postérieur du corps de l'os est de 27mm ; le diamètre transversal du même est de 35mm, c'est une faible différence avec le sujet du Grand Rocher.

Le tronçon de **tibia**, représenté Pl. VI, fig. 1 et 2, provient aussi de la route des Beni-Fouda à St-Arnaud. Sur la face externe une forte nervure vient s'atténuer près de la facette astragalienne, comme on le voit sur le dessin de profil fig. 1. Du côté interne, une autre nervure est loin d'atteindre la maléole. Cet os est de dimension un peu forte pour les autres attribuées à *felis spelœa* comme le fémur des Beni-Fouda ; il appartient peut-être à une autre espèce, que je ne puis en ce moment déterminer, d'âge pléïstocène également. L'épaisseur, près de la base, est de 30mm environ pour les deux diamètres.

La Pl. IX, fig. 4 et 5, représente un **calcanéum** un peu mutilé, recueilli par M. Drot, contrôleur des mines dans les exploitations de phosphates de Aïn-M'feta, chez les Traras. Cet os est assez mutilé dans l'apophyse talonnière, et dans l'apophyse interne supportant le siège de la partie scaphoïdienne ; l'apophyse, pour le cuboïde, est même fortement éraillée, il n'y a donc pas grand profit à en tirer pour la comparaison. Les mesures utiles à prendre sont la largeur antéro-postérieure sous la facette astragalienne supérieure, 45mm ; la hauteur de l'apophyse cuboïdienne, 60mm ; l'épaisseur de l'apophyse pour le cuboïde, 36mm. C'est aussi, je crois, la seule pièce du gisement qui puisse être attribuée au genre *felis* ; il faut donc faire des réserves pour l'attribution au *felis spelœa*.

Je dois faire la même observation pour un **métatarsien**, Pl. X, fig. 18 et 19, que ses dimensions doivent faire attribuer à un grand *felis* du type de *spelœa*, mais qu'il n'y a pas certitude à identifier avec lui ; il a été recueilli dans une station de phosphorite, à Souk-el-Arba (Tunisie). En somme, ce sont plutôt des déterminations génériques en raison de la dispersion des matériaux étudiés, sauf pour les dents de l'oued Cham ; les autres débris leur sont rattachés d'une façon probable mais hypothétique.

Une phalange onguale recueillie dans la grotte des troglodytes, à Oran, par M. Pallary, a probablement appartenu au *felis spelœa* ; elle est haute de 30^{mm} ; la gaîne osseuse avait 9^{mm} de large dans sa partie étroite et 13^{mm} dans sa partie la plus large en haut ; la partie saillante devant la gaîne avait 10^{mm} ; le bord postérieur ou articulaire était fortement creusé en talon pour recevoir l'articulation phalangienne sur le haut de laquelle elle était couchée ; la partie supérieure s'arrondissait en cercle au-dessus pour se loger entre les doigts et abriter l'ongle. C'est bien un ongle de grand chat, mais sa détermination, comme de *felis spelœa*, est plutôt hypothétique.

FELIS Cf. ANTIQUA GOLDF.

Un **humérus**, figuré Pl. VI, fig. 7 et 8, est certainement d'un *felis*. Le trou épicondylien interne qui a laissé ses attaches, quoique brisées, en témoigne sans conteste possible. Le condyle externe et la crête épicondylienne de ce côté, ont été rongés par le porc-épic, comme la plupart des os trouvés dans la grotte du Grand Rocher. Cet os est très grêle et indique un animal élancé ; l'empreinte deltoïdienne est très forte et sa partie supérieure forme une légère saillie en dehors. Le bout inférieur de cette empreinte deltoïdienne ne forme pas de décurrence en nervure sur la partie inférieure. Cet os est trop mutilé pour pouvoir donner lieu à une comparaison utile. Sa détermination est, par conséquent, très hypothétique, d'après son volume et sa proportion générale.

Le corps de l'os, au milieu, a 18 et 20^{mm} de diamètres ; la distance du condyle interne à l'extrémité deltoïdienne est de 100^{mm} ; la largeur transversale de l'os au niveau du fond de la fosse olécranienne devait être d'environ 34^{mm} ; la partie conservée de l'empreinte deltoïdienne est de 22^{mm} ; l'os, vu de face, a une légère courbure sigmoïde et la crête épicondylienne externe est peu dilatée et peu saillante.

Dans la grotte dite du polygone, à Oran, M. Pallary a recueilli un cubitus incomplet dont les dimensions indiquent une concordance de taille avec l'humérus précédent et permettent de rapprocher ces deux os. La largeur, sous la facette sigmoïde, est de 18^{mm} ; le diamètre vertical de la facette est de 15^{mm} ; la largeur de l'os, derrière la facette sigmoïde est de 15^{mm} ; la hauteur de l'olécrâne est de 18^{mm} ; la plus grande largeur de l'olécrâne est de 18^{mm}. On peut provisoirement admettre que ce cubitus a appartenu à la même espèce animale que l'humérus.

GENRE HYŒNA

Le genre hyène se rattache aux *felis* par sa carnassière supérieure trilobée, l'absence de tuberculeuse inférieure, mais ces avant-molaires sont au nombre de trois à chaque mâchoire et la carnassière inférieure porte un talon plus ou moins développé.

HYŒNA SPELŒA

On représente, Pl. III, fig. 1 à 3, une mandibule de Palikao, déposée au Musée de la ville d'Oran ; elle porte un tronçon de canine et ses quatre molaires, dont la dernière a commencé à user les lames de sa couronne. Ces dents sont remarquables par leur épaisseur comme c'est l'habitude chez les hyènes. La canine n'a laissé que sa racine dont la section est ovalaire ; la première avant-molaire est petite, 17^{mm} sur 12 ; elle a son talon ou lobule tranchant en arrière, comme du reste toute la crête ; la seconde est un gros cône penché en arrière avec un talon élevé en arrière et un bord antérieur en arête ; la troisième est encore en cône pourvu en arrière d'un talon tronqué assez étendu. La carnassière est à deux lobes dont l'antérieur est plus étendu et le postérieur porte un talon peu développé ; en dedans un léger bourrelet règne sous le lobe antérieur.

Les quatre dents sont très serrées et occupent, sur la mandibule, un espace de 91^{mm}, soit 24^{mm} pour la deuxième, 25^{mm} pour la troisième et 28^{mm} pour la quatrième. La canine est séparée de la première molaire par un intervalle de 5^{mm} et a 21^{mm} de diamètre antéro-postérieur ; l'os mandibulaire est robuste, épais, fortement courbé vers l'angle qui est surmonté d'une fosse massétérienne profonde. La hauteur de l'os mandibulaire, derrière la carnassière, est de 55^{mm} ; 45^{mm} derrière la troisième molaire ; 35^{mm} derrière la deuxième ; 38^{mm} derrière et devant la première ; un trou vasculaire s'ouvre à l'aplomb de la barre ou diastème, le bord inférieur de la mandibule est sensiblement concave sous la deuxième prémolaire.

Une autre mandibule, portant les trois dernières molaires, a été trouvée par M. Chopin dans une des grottes remplie de tuf calcaire sableux, au bout du boulevard Bru, à Mustapha-Supérieur. Cette mandibule a une physionomie un peu différente de la précédente. Ses molaires n'ont pas encore été entamées par la détrition et sont entières ; leur cône est plus aigu, plus saillant ; mais elles sont aussi entassées les unes sur les autres et leur cône assez penché en arrière. Le talon de la deuxième est très étroit d'avant en arrière. Les trois dents occupent un espace de 73^{mm} ; il est de 78^{mm} dans la mandibule de Palikao. Le bord angulaire de la mandibule est aussi bombé et arqué sous la fosse massétérienne, mais son bord inférieur sous les molaires est presque rectiligne au lieu d'être concave ; la hauteur de la branche derrière la carnassière est de 40^{mm} ; derrière la troisième, 34^{mm} ; derrière la deuxième, 25^{mm}, et derrière la première, 28^{mm}. La deuxième prémolaire a, d'avant en arrière, 22^{mm} et de hauteur du cône, 25^{mm} ; la troisième a la même étendue, mais la hauteur est de 21^{mm} ; la carnassière enchère 28^{mm} sur 17^{mm} de hauteur.

Je ne pense pas que ces différences puissent légitimer une distinction spécifique et je crois que, sans hésitation, on peut rapporter à la même espèce les deux mandibules que nous avons décrites. Il me semble qu'il est aussi incontestable que ces pièces ont appartenu à à la *hyœna spelœa*. Il y a lieu de constater que c'est la première fois que cette hyène a été reconnue dans la région barbaresque à l'état fossile. C'est une espèce commune en Europe avec une large dispersion dans les cavernes et les anciens dépôts alluvionnaires de l'Europe centrale, continentale et insulaire, souvent associée aux rhinocéros *tichorhinus* et à l'*elephas primigenius*, qu'elle ne suit pas aussi loin vers le Nord.

Je ne pense pas qu'il faille suivre les auteurs récents qui créent des genres comme pour pulvériser la méthode ; ainsi les genres lion, tigre, panthère, lynx dont il est difficile de formuler les différences ostéologiques ; tel est le cas du genre *crocuta* établi pour l'hyène tachetée et que je ne saurais proposer d'admettre ; il n'y a, pour moi, que des nuances souvent indiscernables entre ces prétendus genres.

Je dois maintenant discuter si notre *spelœa* doit être acceptée comme espèce ou rattachée au *crocuta*. Maintenant qu'il est incontestable que ce type animal a été trouvé fossile en Barbarie, des naturalistes s'en prévaudront pour identifier notre *spelœa* fossile au *crocuta* vivant parce que ce sont deux formes africaines. Un examen attentif m'a convaincu que l'animal préhistorique barbaresque était identique avec le *spelœa* d'Europe et présentait, avec l'hyène tachetée, la même dissemblance qui l'avait fait déjà distinguer et que je vais résumer. La carnassière inférieure a un bourrelet basilaire antérieur qui forme un talon très marqué et qui est rudimentaire dans *spelœa* ; dans *crocuta* les deuxième et troisième prémolaires ont un talon antérieur très marqué quoique peu saillant, tandis qu'il manque dans *spelœa* et dans notre fossile. Je pense qu'il y a là un caractère distinctif assez probant pour ma thèse.

Je pense pouvoir attribuer sans hésitation à *h. spelœa* un humérus, Pl. VI, fig. 5 et 6, qui a été trouvé dans la grotte du Grand Rocher ; son condyle externe a été rongé par le porc-épic ; le trou épicondylien est grand et bien arrondi ; la crête deltoïdienne est en partie conservée et bien saillante ; l'os est robuste, il ressemble beaucoup à celui de *crocuta* ; le corps de l'os a, de plus petite épaisseur transversale, 21^{mm} et antéro-postérieur 24^{mm}.

Je rapporte provisoirement à *hyena spelœa* un arrière-crâne trouvé dans le terrain d'atterrissement de St-Arnaud, à l'Est de Sétif, en creusant un puits. Je n'en sais pas au juste l'emplacement, mais quoique le terrain environnant soit pléistocène, ce pourrait être un terrain alluvial plus récent ; comme la pièce n'est pas caractéristique, je n'oserais affirmer cette détermination, d'autant plus qu'il y a une grande différence d'âge entre les terrains où ont été trouvées les mâchoires et ceux de St-Arnaud, dont l'espèce pourrait bien être différente ; ce qu'il y a de sûr c'est que ce n'est pas *h. striata*.

Cette portion de crâne, représentée Pl. IV, fig. 1, montre la face occipitale qui est en triangle à peu près équilatéral, limité par des crêtes saillantes, aiguës, un peu ondulées ; l'angle supérieur sagital est raccourci par éraillure ; des crêtes et aspérités accidentent la surface d'insersion musculaire ; une crête verticale s'élevant au-dessus du trou occipital divise en deux cette surface triangulaire. Les condyles sont grands, étendus en travers et bien détachés en arrière par un étranglement ; les crêtes occipitales se terminent en bas par des apophyses mastoïdes bien détachées qui, en bas, recouvrent les caisses.

A la face inférieure ces caisses sont amples et largement logées entre le mastoïdien, le basilaire et la base de la facette glénoïdienne du zygomatique. Le basilaire a sa suture avec le sphénoïde postérieur oblitérée par synostose ; mais sa place paraît marquée vis-à-vis la terminaison des caisses par une dépression retrécie en forme de gourde et au delà le sphénoïde continue à rester large, jusqu'au sphénoïde antérieur, tandis que dans hyme rayée il s'atténue en cône en avant jusqu'au sphénoïde antérieur qui reste très étroit dans la fosse ptérigoïdienne. Les cavités glénoïdes sont très étendues en dehors, fortement bordées en arrière. La boîte crânienne, à la hauteur de ces articulations glénoïdes, est de 68^{mm} ; dans *spelœa* elle a 75^{mm}. La largeur à la base de l'occipital est, dans le fossile de St-Arnaud, de 95^{mm} ; dans *spelœa* cette partie mesure 105^{mm}. C'était donc un animal un peu plus petit que celui de Palikao ; ce qui peut justifier notre réserve sur sa détermination.

HYENA VULGARIS

La pièce la plus caractéristique de cette espèce est une carnassière inférieure représentée Pl. V, fig. 4 et 5 ; c'est une dent à deux lobes tranchants augmentés en arrière par un talon creux, lobulé en dehors, accompagné d'un fort dentelon sous l'arête interne de l'arête marginale du second lobe ; notre dessin montre le lobule détaché de la face externe. La dent était à peine sortie de son alvéole et ne montre aucune trace de détrition, c'est presque absolument une carnassière de *h. striata*, sauf que celle-ci porte, sous sa face antérieure, un bourrelet qui s'étend un peu sur la face externe. Les racines sont très bien conservées ; l'antérieur large portant presque toute la partie tranchante de la couronne ; l'autre, bien plus grêle, ne portant presque que le talon et ses lobules.

Un crâne mutilé de cette espèce est représenté Pl. V, fig. 1 et 2, de profil et en dessus et Pl. VII, fig. 1, vu par dessous ; il a été fortement rongé par le porc-épic ; le haut des crêtes occipitales et le commencement de la crête sagitale ont disparu ; le dessus de cette crête sagitale est même très saillant, un peu flexueux dans son cours et la ligne supérieure du profil paraît plus droite, moins arquée, peut-être parce qu'il manque la partie convexe en arrière ; le front est convexe entre les apophyses post-orbitaires et bombé en travers avec une dépression médiane ; la contraction du museau, vers la naissance des naseaux, est moins marquée que dans le *vulgaris* vivant, mais cela tient peut-être à l'état de conservation du fossile qui ne montre pas trace de cette origine des naseaux. Les sutures qui paraissent sur le profil sont peu différentes de celles que l'on peut voir sur le vrai *vulgaris* ; la temporo-pariétale est en arc ; la fronto-pariétale est presque droite ; la sphéno-temporale est peu étendue ; la sphéno-pariétale l'est encore moins ; la sphéno-frontale l'est au contraire beaucoup et transversale.

La crête sagitale se prolonge en un appendice très saillant en avant entre les frontaux, jusqu'à la convergence des crêtes partant des apophyses post-orbitaires. Il n'y a pas en cela de différence avec *h. vulgaris*. La ligne du profil paraît s'être prolongée jusqu'à l'origine des naseaux sans s'abaisser comme dans le vivant pour marquer l'origine du museau.

La Pl. VII, fig. 1, représente la face inférieure du crâne. Le basilaire est large avec deux dépressions séparées par une crête médiane saillante ; il est largement soudé au sphénoïde postérieur qui est cunéïforme et s'avance dans la fosse ptérigoïdienne en un angle tronqué, qui se réunit par suture au sphénoïde antérieur étroit et en forme de navette jusqu'au vomer. Le trou oval est médiocre en dedans de l'articulation glénoïdienne. Les autres trous qui viennent en avant sont bien ouverts. Les caisses brisées sont assez étendues entre les sphénoïdes et le temporal et sont atténués en avant. Le crâne est manifestement plus petit que celui qui nous sert de comparaison, mais la pénurie de points de repère sur notre fossile ne permet guère de présumer la différence.

GENRE URSUS

L'ours vivant est inconnu en Afrique. Pline faisant allusion à des auteurs parlant d'ours numidiques, dit : « je m'étonne, car il est certain que l'Afrique ne produit point d'ours ; Shaw et Desfontaines en « parlent, mais n'en ont point vu. S'il faut en croire Bourguignat, « l'espèce aurait existé à une époque récente encore en Numidie ; car « il aurait reconnu des empreintes de ses pas dans la caverne de Djebel « Taya. Il y a tout lieu de croire que cette observation dans l'obscu- « rité d'une caverne grandiose est plutôt attribuable à l'imagination « qu'à une vision réelle. Le témoignage des Arabes n'a aucune « valeur dans la question, surtout parce que le nom indigène de « l'ours diffère peu de celui de la hyène ».

On a signalé un ours, nommé *ursus Crowtheri*, comme provenant de Tétuan ; il a été superficiellemnt décrit et n'était, probablement, qu'un animal de montreur de bêtes qui était venu échouer sur le rivage marocain, et n'y a jamais été revu. C'est encore un habitant très hypothétique.

A l'état fossile, la première constatation en a été faite en Algérie par la Commission Scientifique algérienne, d'après un fragment de crâne jeune trouvé dans une brèche osseuse des environs d'Oran, ou plutôt dans un remplissage par la stalagnite d'une fissure rocheuse ; c'était une pièce trop imparfaite pour être déterminée.

Depuis lors Bourguignat, d'après ses fouilles et celle du général Faidherbe, a figuré quelques ossements d'ours trouvés dans la caverne du Djebel Taya et prétend y avoir reconnu quatre espèces dont il y aurait lieu de vérifier la détermination par des pièces plus caractéristiques que celles qu'il a fait figurer en trop petit nombre et trop incomplètes, malgré le nombre considérable de pièces signalées comme recueillies. Le docteur Bourjot, dans la grotte ancienne de Pointe-Pescade, aujourd'hui disparue par son exploitation en carrière, avait également signalé la présence d'un ours, mais d'après des débris que nous connaissons et trop peu susceptibles de détermination.

La présence de l'ours fossile dans la nouvelle caverne du Grand Rocher est très rare, mais nous en avons eu une pièce magistrale et suffisamment conservée pour permettre une description caractéristique. C'est un palais encore armé de la plupart de ses dents ou de leurs alvéoles ; il est représenté Pl. I, fig. 1 et 2. En avant, il y a cinq alvéoles d'incisives et une sixième incisive en nature, fixée à un reste de sixième alvéole et le bord incisif est presque disposé en demi-cercle ; l'incisive externe est forte, saillante et sub-conique avec sa face postérieure canaliculée par un rebord interne mousse ; elle est portée par une forte racine unique et ressemble à une canine raccourcie ; les alvéoles des premières incisives sont tout-à-fait contiguës ; ces dents devaient être comprimées latéralement et étaient beaucoup plus petites et derrière elles s'ouvraient assez loin les deux trous incisifs rapprochés et un peu divergents en arrière ; les deuxièmes incisives étaient très rapprochées des premières et des troisièmes, bien plus amples et séparées de la canine par un intervalle de 7^{mm} pour loger la couronne de la canine inférieure. L'étendue en ligne droite du bord alvéolaire incisif, est de 55^{mm} ; les alvéoles des troisièmes occupent un espace de 17^{mm} ; une des deuxièmes, un espace de 10^{mm}, et une des premières, 7^{mm}. La canine est une grosse dent fusiforme à couronne conique, un peu arquée, à surface lisse, saillante, de 35^{mm} au-dessus du plan du palais, épaisse de 20^{mm} transversalement, et de 25^{mm} d'avant en arrière.

Au bord postérieur de la canine est une alvéole oblique en avant, d'où une petite dent gemmiforme s'était récemment détachée ; à 10^{mm} en arrière est une trace assez nette d'une autre alvéole de prémolaire un peu oblitéré mais encore nettement reconnaissable ; et comme le reste de la mâchoire porte des arrière-molaires fortement usées par la détrition, on peut admettre que la dent a été presque persistante. A 4^{mm} plus en arrière est une troisième dent gemmiforme, persistante, saillante de 5^{mm}, longue de 7^{mm} et séparée de la première arrière-molaire par un intervalle de 4^{mm}. Cette dent et son équivalente sur la mâchoire opposée n'a subi aucune détrition ; elles sont séparées entr'elles par un intervalle large de 62^{mm}.

Il y a, en arrière de ces prémolaires gemmiformes, trois arrière-molaires de grande taille, de structure tuberculeuse. La première qui est l'analogue de la carnassière des autres carnivores est presque encore une tuberculeuse à lobe antérieur sub-conique un peu comprimé et à lobe postérieur, très détérioré par la détrition, mais qui porte encore quelque trace du talon interne tuberculeux postérieur ; les deux lobes extérieurs sont très manifestes ; l'antérieur plus étendu ; la longueur antéro-postérieure de la dent est de 20^{mm} ; son épaisseur est de 15^{mm} vers l'arrière qui est élargi.

La seconde arrière-molaire, qui est en réalité la première tuberculeuse, est sub-oblongue, plus élargie en arrière extérieurement ; elle porte des traces de la forme bilobée. Sa couronne a ses tubercules tout-à-fait usés, mais d'un côté elle montre encore un sillon lacunaire qui trace l'intervalle des paires de tubercule ; la dent opposée ne présente plus qu'une table usée ; longueur, 27^{mm} ; largeur, 20^{mm}.

La troisième tuberculeuse qui est la plus grande de beaucoup que les précédentes est ovoïde, oblongue, allongée en arrière et retrécie du côté interne en arrière. Sa couronne est fortement usée, avec deux fossettes extérieures de dentine et trois fossettes intérieures moins étendues. La série de ces molaires est convexe extérieurement, mais droite intérieurement et de ce côté les deux séries sont parallèles. Longueur antéro-postérieure de la dernière, 40mm ; plus grande largeur, 22mm.

Il y a une grande analogie de taille et de forme entre cet ours et l'*ursus etruscus*. Il y en aurait une encore plus grande si notre fossile avait eu sa seconde prémolaire réellement très persistante, ce qui existe chez l'*etruscus* ; mais la trace de son alvéole, quoique dénonçant une certaine persistance, l'indique en réalité à un degré bien moindre que dans l'espèce pliocène et on peut se demander si elle l'est à un degré suffisant pour faire classer cet animal dans le sous-genre *helarctos*. L'arrière-molaire, rétrécie en arrière, l'espace occupé par les prémolaires supérieures constituent une différenciation suffisante entre notre ours et celui de Toscane.

L'**atlas**, Pl. II, fig. 1 à 3, a ses ailes brisées, son arc neural est étendu et large sur les deux faces. La face inférieure ne présente aucun trou vasculaire par suite de brisure ; la face supérieure porte deux doubles trous vasculaires près des bords en forme de traits d'union transversaux et son bord antérieur est échancré et mamelonné à la face antérieure. Les fosses condyliennes restent bien ouvertes jusqu'à la hauteur du demi-diamètre du canal médullaire et confluent largement vers le bord inférieur où elles sont continues.

MENSURATION

Diamètre transversal du trou rachidien	37mm
— — des fosses condyliennes	93
Hauteur verticale de la vertèbre en avant	65
Largeur de l'arc neural en dessus au milieu	48
— — en dessous	43

L'**axis**, Pl. II, fig. 4 et 5, provenant de l'ancienne grotte de Pointe-Pescade, a son corps vertébral éraillé en dessous ; l'apophyse odontoïde est robuste, mais ne paraît pas avoir été très longue ; elle est brisée au sommet.

Les facettes latérales déclives sont larges et un peu convexes ; l'apophyse épineuse, séparée de l'odontoïde par une large et profonde échancrure, s'avance en avant aussi loin que l'apophyse odontoïde ; elle est épaisse, coupée carrément dans toute sa longueur et se relève en arrière fortement pour dominer le bout antérieur ; les apophyses articulaires postérieures de l'arc neural sont assez larges et font un peu saillie en dehors.

MENSURATION

Longueur latérale de l'arc entre les deux sinus	30mm
— de l'apophyse épineuse	90
Sa saillie devant le sinus antérieur	45
Son épaisseur au même point	18
— au bout postérieur	20
Largeur du siège odontoïde	60
— extérieure du corps vertébral	45
— extérieure de l'arc neural aux facettes postérieures	67
Hauteur de l'apophyse épineuse sur la facette articulaire	48

La **vertèbre dorsale**, Pl. VIII, fig. 1 à 4, est assez bien conservée ; son corps est épais, convexe, sans carène, à face antérieure légèrement convexe, à face postérieure légèrement concave, surmontée un peu en dehors d'une fossette articulaire pour la côte ; la face postérieure plus élargie par une fosse articulaire, plus intérieure pour une autre côte, ce qui élargit notablement cette face. L'apophyse transverse est épaisse, courte, anguleuse et porte une facette costale regardant en dehors et de forme arrondie ; en avant de cette apophyse transverse, l'arc neural fortement échancré porte deux sièges de facettes antérieures sur lesquelles s'appuient les postérieures en avant bien séparées entr'elles et incombantes ; derrière elles s'élèvent, obliquement dirigées en arrière, l'apophyse épineuse, elle-même, formée d'une lame amincie en dessus, à peine épaissie en arrière et qui, dans notre sujet, a son sommet brisé.

MENSURATION

Diamètre antéro-postérieur du corps de l'os	34mm
— transversal antérieur	48
— — postérieur	65
Longueur de l'arc neural	7
Largeur derrière les apophyses transverses	4
Distance des bouts des apophyses transverses	11

L'**omoplate**, Pl. IX, fig. 6 et 7, n'est représenté que par son apophyse coracoïde qui est descendante et dilatée en une lame épaisse, élargie, lancéolée. La largeur de cette lame est de 37mm ; elle est amincie et cassée à 70mm de sa base. Cette lame fait saillie en dehors du plan de l'omoplate de 45mm ; je n'en ai pas vu d'aussi développée, mais le fragment est trop incomplet pour permettre des renseignements utiles.

Un fragment d'**humérus** trop mutilé pour être figuré, atteste cependant que cet os n'était ni troué dans sa fosse olécranienne, ni perforé au-dessus du condyle interne. En cela notre ours ne différait pas des ours ordinaires, ce qui ne paraît pas être le cas de l'un des ours incomplètement connus du Djebel Taya.

Une tête supérieure de **radius**, Pl. II, fig. 6, trouvée dans la grotte ancienne de Pointe-Pescade, est certainement d'ours, mais elle ne peut donner d'autre renseignement de détermination que ses dimensions, 52mm de grand diamètre et 38mm de petit ; le tubercule qui relève le bord antérieur de la cupule est très développé.

La Pl. II, fig. 7 et 8, représente un mauvais fragment de la tête inférieure de **fémur**. La largeur et la brièveté de la coulisse rotulienne, le peu de saillie et l'espacement des condyles ne peuvent laisser de doute à cet égard ; mais il me paraît difficile de tirer d'autre parti pour la spécification de cette pièce informe que par ses dimensions qui sont :

MENSURATION

Largeur totale de la tête	90mm
— de la coulisse rotulienne	38
Espacement des condyles	18
Diamètre vertical des condyles	45

Une cavité cotyloïde de **bassin** avait été préparée pour la Pl. IX, mais une méprise du dessinateur l'a remplacée par une cavité cotyloïde d'un ruminant. Cette pièce n'était intéressante que par ses dimensions.

Un autre fragment de **bassin** de la grotte ancienne de Pointe-Pescade, Pl. VIII, fig. 8, montre une partie d'un ischion et du trou ovalaire contigu, le bord latéral de cet ischion porte une carène submarginale sur la face inférieure de sa dilatation postérieure ; je n'en retrouve pas de trace sur les dessins à ma disposition. Je suis, du reste, si pauvre en matériaux pour la restitution de cette espèce que j'ai tenu à en figurer des débris informes, dont je ne pouvais prévoir s'ils pourraient compléter en quelque chose nos renseignements ostéologiques sur cette espèce fossile.

La cavité cotyloïde du bassin d'ours qui, par méprise avec une cavité cotyloïde de ruminant, a été oubliée dans notre iconographie, provient des grottes de Bougie. C'est un os très étalé, assez étroit sur sa face externe ischio-iliaque. La cupule cotyloïde est large et étendue, marquée à son centre d'une très grande lacune qui s'ouvre largement entre l'ischion et le pubis. La facette articulaire est disposé en croissant à cornes arrondies, séparées entr'elles par un intervalle de 30mm limitant une lacune aussi profonde et aussi large. Cette lacune se prolonge en une petite échancrure du côté du lobe pubien.

MENSURATION

Diamètre antéro-postérieur de la cavité cotyloïde...........	50mm
Profondeur de la cavité centrale..........................	30
Largeur transversale de la cavité cotyloïde................	55
Profondeur de sa lacune centrale.........................	40
Sa largeur...	25
Hauteur de la face extérieure...........................	35

Un **métatarsien,** Pl. II, fig. 9 et 10, est probablement de l'ancienne grotte de Pointe-Pescade ; c'est un médius tronqué presque carrément à sa tête supérieure, très épaissie d'avant en arrière et pourvue, sur le côté, d'une facette articulaire relevée d'une forte saillie qui pénètre comme un crochet dans la facette du métatarsien voisin. Ce métatarsien s'élargit sensiblement vers le bas, où son articulation est transverse cylindroïde et le corps un peu aplati.

MENSURATION

Longueur mesurée au milieu............................	90mm
Diamètre antéro-postérieur de la tête supérieure............	28
Diamètre transverse de la même.........................	18
Plus petite largeur au milieu............................	15
Diamètre transversal de la tête inférieure..................	24
— antéro-postérieur de la même....................	13

Un **métatarsien** de l'annuaire, Pl. X, fig. 14 et 15, provient d'une fente à phosphorite, de Souk-el-Arba (Tunisie) ; c'est un os robuste presque droit, peu comprimé, tronqué obliquement au sommet, portant latéralement une facette enfoncée sous marginale s'articulant en recouvrement avec le métatarsien voisin ; l'articulation inférieure est élargie en travers, cylindroïde ; l'os est un peu comprimé d'avant en arrière vers le bas ; il était assez épaissi d'avant en arrière vers le haut, où il est un peu brisé.

MENSURATION

Longueur extérieure	167^{mm}
Largeur de la tête supérieure	24
— du milieu du corps de l'os	22
— de la tête inférieure	27
Plus petite épaisseur	18

Les fig. 16 et 17 de Pl. X, paraissent plutôt avoir appartenu à un métacarpien latéral, si on en juge par sa plus grande épaisseur. La forme sub-cylindrique, l'obliquité de sa facette phalangienne, globuleuse en avant et un peu latéralement, relevé en arrière d'une crête très saillante ; malheureusement la tête supérieure a été brisée et perdue et ne permet pas d'être plus affirmatif sur sa détermination et sur son rang. Son diamètre au milieu est de 20^{mm}, il provient du même gisement à phosphorites que la pièce précédente, près de Souk-el-Arba.

Tous les ossements décrits ci-dessus, en raison de leurs proportions, paraissent avoir appartenu à la même espèce d'ours et probablement à l'une des espèces plus ou moins nominale du Taya et comme cette détermination est douteuse, ce sera le *libyricus*.

Un **métatarsien** externe qui, s'il était du même côté, s'articulerait très bien avec celui de Pl. X, fig. 14 et 15, a été oublié dans l'iconographie ; c'est un os très robuste, épaissi en haut, un peu aplati en bas d'avant en arrière ; il a, de longueur totale en arrière, 85^{mm} ; le diamètre antéro-postérieur de la tête supérieure est de 26^{mm} ; l'épaisseur au milieu est de 14^{mm} ; l'épaisseur transversale de la tête inférieure est de 25^{mm}.

Bourguignat, en décrivant les os d'ours récoltés par Faidherbe dans les grottes du Taya, a constitué quatre espèces d'ours fossiles d'après des caractères insuffisants, pour le plaisir, suivant son habitude de multiplier sans mesure les espèces. Ainsi les *ursus lartetia-*

nus et *letourneuxianus* qui paraissent reposer sur la perforation de la cavité olécrânienne de l'humérus pour l'un et l'imperforation pour l'autre ne reposent que sur une illusion ; les deux espèces ont l'olécrâne habituellement perforé, mais il est manifeste, d'après les pièces figurées, que cette perforation s'est oblitérée dans l'un en laissant des traces incontestables. Je montrerai un accident semblable dans un macaque fossile des Traras, qui est imperforé dans un vieux sujet, avec la preuve de l'occlusion de la perforation par un disque osseux semblable à celui du *letourneuxianus* ; les autres différences ne sont pas suffisamment caractérisées pour conserver les deux espèces. Il est probable que l'*ursus Rouvieri*, à fosse olécrânienne perforée, devra être rattaché à l'humérus du *lartetianus*, cet os me paraissant incomplètement mur.

GENRE CANIS

Ce genre de carnassiers paraît être assez ancien à la surface du globe. Son précurseur a probablement été le genre *amphicyon* dont les affinités lui sont plus intimes qu'avec les *ursidés*. Si le système dentaire, par le nombre des dents tuberculeuses, indique un degré de plus d'omnivorité que dans les chiens, la forme en est identique et, pour moi, il n'y a pas de doute que ce caractère de l'organisation domine beaucoup celui du nombre et j'ai déjà eu l'occasion d'appliquer ce principe à des fossiles que j'ai classés soit dans les *mustelliens* soit dans les *viveriens*, malgré que la formule dentaire ne cadrat pas à ce point de vue avec les descriptions que l'on a données des animaux types de ces familles.

Dans le présent travail, il ne sera pas question de ces types aberrants, ils sont tous anté-quaternaires, mais nous aurons à traiter une question litigieuse souvent discutée suivant les idées doctrinales des différents auteurs qui s'en sont occupés, celle des chiens domestiques qu'il y aurait lieu de traiter au point de vue de la spécification.

CANIS AUREUS, CHACAL

C'est encore une de ces espèces qui ont survécu à beaucoup de leurs contemporaines des temps quaternaires qui ont disparu. Celle-ci, comme plusieurs autres carnassiers, a continué à exister à l'époque actuelle. A la vérité, les documents peu nombreux que nous possédons ne sont pas absolument probants, ce ne sont que des fragments de mâchoires et d'ossements, souvent rongés. Un fragment de crâne, Pl. XIII, fig. 1, montre bien la structure des arrière-narines plus profondes et plus étroites que dans les chiens. La carnassière supérieure porte, sur son bord antérieur du lobe principal, une arête caractéristique de l'espèce descendant de la base de la dent jusqu'au bout du cône.

Une partie postérieure du crâne provient de la grotte du Grand Rocher. La carnassière supérieure a été recueillie dans une brèche terreuse de l'oued Knis, par M. Maupas, avec d'autres fossiles dont le plus remarquable est l'antilope Maupasii.

CANIS FAMILIARIS

Les naturalistes n'ont pas encore pu se mettre d'accord sur l'origine du chien domestique. Les uns lui donnent comme ancêtre le loup, d'autres le chacal. Blainville est tenté de le considérer comme issu d'une espèce spéciale qui s'est éteinte, ou du moins est inconnue à notre époque et il renie la parenté du loup et celle du chacal. En considérant les croisements désordonnés des races canines, on est étonné que beaucoup d'entr'elles aient pu conserver leur autonomie et l'on pourrait dire leurs caractères spécifiques depuis des temps reculés, s'il n'y avait pas eu un obstacle à l'absolue confusion des métis par leur régression au type ancestral. Le lévrier, le molosse, le vertague à jambes torses auraient disparu comme type depuis longtemps ; tandis qu'on en trouve sur les anciens monuments des représentations qu'on dirait prises d'après des sujets vivants de l'époque actuelle.

Il est constant que si des naturalistes autorisés persistent à regarder le chien domestique comme issu du loup, d'autres non moins compétents le regardent, au contraire, comme n'ayant avec lui aucun lien de parenté. Ce qui serait logique, dans ce cas, ce serait de le considérer comme une espèce autonome, de même qu'on l'a fait pour le cochon, que M. Sanson a démontré n'être pas issu du sanglier, mais être une espèce autonome. On a argué de ce que l'accouplement du chien et du loup produisait des métis et que, par conséquent, il n'y avait pas entr'eux différences d'espèce ; mais qu'elle peut être, dans ce cas, la valeur de ce caractère ? les exemples ne manquent pas, actuellement, d'accouplements féconds entre des espèces incontestablement différentes. Il y a trop d'incompatibilité d'humeurs entre le loup et le chien pour qu'il n'y ait pas entr'eux des différences spécifiques ; je ne sache pas que cet accouplement se soit produit spontanément en plein champ ou en plein bois ; il a fallu que les accouplés aient été soumis depuis leur jeunesse à la séquestration domestique commune pour se familiariser au point de s'accoupler.

Lorsqu'on considère le grand nombre de races plus ou moins fixées de ce *canis familiaris* en se plaçant au point de vue doctrinal ici présenté, on ne peut échapper à cette conséquence que le chien domestique est polytype et que, par suite de croisements multipliés, les espèces originaires sont difficiles à distinguer, mais elles n'en existent pas moins et se révèlent souvent par des caractères ancestraux plus ou moins incontestables.

Ce qui a surtout contribué à maintenir l'indécision sur ces questions, c'est qu'on n'a pas reconnu de caractères bien tranchés, fondamentaux, entre les chiens domestiques et les *canis* sauvages ; cependant il est un de ces caractères qui ne manque pas d'une certaine importance physiologique. Le sens de l'olfaction est, chez le chien domestique, développé à un degré remarquable, et ce développement concorde avec une disposition particulière des arrière-narines très élargies transversalement, tandis que dans les chiens sauvages : loup, chacal, renard, l'orifice postérieur est plus étroit, plus carré, plus profond. Cette disposition facile à constater peut servir à la caractérisation et ne laisse rien d'incertain.

Ce caractère de l'élargissement et de l'aplatissement du canal des arrière-narines, combiné avec une grande gracilité de la tige découverte du sphénoïde antérieur et postérieur et une plus grande largeur du basilaire entre les caisses, est commun à toutes les races et variétés de chiens domestiques que j'ai pu observer, de manière que tous ces chiens domestiques sont liés entr'eux par ce caractère en une sorte de grand genre, dont les divisions pourront, en attendant des études plus étendues, être classées sous ce chef en qualité de races d'un caractère presque spécifique.

CANIS FAMILIARIS LATIFRONS

Pl. XI.

Crâne un peu mutilé dans son occipital, dans ses arcades zygomatiques et ayant perdu toutes ses dents, Pl. XI, fig. 1 et 2. Le front est assez convexe et déprimé entre deux crêtes épaisses qui, partant des apophyses post-orbitaires, vont se souder à l'origine de la crête sagitale. Sa ligne du profil de ce côté s'incline un peu en arrière ; en avant elle descend sans à coup jusqu'au bout des naseaux. La crête occipitale est conservée d'un côté en une ligne étroite longeant le temporal et le pariétal jusqu'à la crête sagitale ; les temporaux forment une légère convexité suivant le type des mâtins de *F. Cuvier*. Les crêtes post-orbitaires du frontal sont épaisses, obtuses et sont séparées par un sillon s'approfondissant vers leur confluence; l'apophyse post-orbitaire devait être épaisse, mais elle a été rongée par le porc-épic; les os du nez s'avancent en forme de lance entre les frontaux; puis ils se retrécissent un peu entre les maxillaires, que les intermaxillaires pénètrent très peu de chaque côté du bout élargi des naseaux; le museau est un peu contracté vers le trou sous-orbitaire et vers la troisième prémolaire obliquement insérée.

A la face inférieure les trous incisifs sont assez amples, le palatin pénétrant en arc entre les maxillaires est accompagné d'un assez grand trou palatin au droit de la carnassière; un autre trou plus petit est voisin de la racine interne de la première tuberculeuse; le bord du palatin est rongé à l'ouverture des narines postérieures; le canal ptérigoïdien est ample, peu profond; il laisse voir le vomer; la tige du sphénoïde antérieur est peu prolongée en avant; le sphénoïde postérieur se contracte en arrière pour se souder largement au basilaire, qui s'est élargie entre les caisses pour y former une double rugosité. Les crêtes ptérygoïdes sont brisées; dans la fosse orbitaire les trous n'ont rien de particulier.

Les alvéoles des dents sont tous conservés, sauf les premières incisives. La troisième incisive a une forte racine un peu en avant de la canine, dont l'alvéole est ovale et grand et presque marginal; après un court diastème vient un alvéole simple de première prémolaire, puis deux alvéoles d'une deuxième, enfin deux autres obliquement disposés pour la troisième. La carnassière avait trois racines, deux en avant opposées, une en arrière, les trois ensemble occupent un espace de 18^{mm}; chacune des deux tuberculeuses avait trois racines, une interne volumineuse, deux externes grêles. La série des molaires occupait 68^{mm}. Le bord dentaire total de l'incisive antérieure à l'arrière tuberculeuse mesurait 100^{mm}. L'intervalle entre les bords extérieurs des premières tuberculeuses était de 68^{mm}; l'intérieur de 38^{mm}.

La mandibule, Pl. XI, fig. 3, est très probablement de cette espèce, elle a toutes ses dents, sauf les deux incisives antérieures, la première prémolaire et la dernière tuberculeuse ; la deuxième prémolaire n'a pas de denticule au-dessus de son talon ; dans les deuxième et troisième, le talon forme un lobe plutôt qu'un denticule ; la carnassière est épaisse, elle n'a pas, en arrière du grand lobe, l'arête en lobule qui monte du bord externe du talon, comme chez les chiens sauvages ; les tuberculeuses n'ont rien de particulier ; les deuxième et troisième prémolaires, au lieu d'être insérées en ligne droite sur le bord alvéolaire, chevauchent un peu sans imbrication et la série de leurs alvéoles est en ligne brisée.

MENSURATION

Longueur totale de la série des dents inférieures..........	95mm
— — de la mandibule......................	126
— de la tête des incisives à l'angle sagital..........	200
Hauteur des bosses frontales sur le plan du palais.........	68
Plus grande largeur vers les pariétaux....................	55

CANIS FAMILIARIS ANGUSTIFRONS

Pl. XII.

Profil légèrement incliné en arrière le long de l'arête sagitale convexe dès l'origine des frontaux fortement creusé en large sillon à partir de l'extrémité des naseaux, s'abaissant assez insensiblement jusqu'aux intermaxillaires, formant un museau un peu contracté à partir des trous sous-orbitaires. Les bosses frontales sont convexes au-dessus des apophyses post-orbitaires en forme de bourrelet qui se retrécit vers l'origine de la crête sagitale et forme un sillon évasé. L'apophyse post-orbitaire, elle-même, est bien moins épaisse et moins saillante que dans le latifrons. La crête sagitale est saillante mais peu épaisse et fait presque crochet en arrière.

Les pariétaux sont médiocrement renflés latéralement comme dans les mâtins de *F. Cuvier*. Les frontaux sont assez contractés latéralement derrière les apophyses post-orbitaires et l'étranglement post-orbitaire est très marqué et donne une apparence étroite et allongée à l'ensemble du crâne ; l'ensemble de la fosse orbitaire est étendu, très creusé ; mais le cadre supérieur de l'orbite est conservé à partir du lacrymal et ses trous ne présentent rien de particulier. Les naseaux s'enfoncent en courte pointe lancéolée entre les frontaux et forment deux lames presque parallèles, seulement un peu élargies près de leur extrémité nasale, assez fortement et obliquement retrécie entre les intermaxillaires. En dessous, les trous incisifs sont courts, mais assez larges, il y a un trou palatin contre la suture du maxillaire et un autre plus petit sur le palatin lui-même qui pénètre en rond entre les maxillaires dans l'intervalle des carnassières.

Le canal des arrière-narines est, comme dans tous les chiens domestiques, surbaissé et élargi à ouverture transversalement oblongue et non presque carrée. Le sphénoïde antérieur est grêle et pénètre longuement dans le vomer. Le sphénoïde postérieur, d'abord contracté pour s'adapter au bout postérieur de sphénoïde antérieur, s'élargit bientôt presque en demi-cœur, pour aller se synostoser avec le basilaire en avant des caisses. Le basilaire est, lui-même, large et rugueux contre les caisses. C'est la structure particulière à cette région du crâne dans les chiens domestiques.

Le crâne décrit ci-dessus n'avait plus que deux molaires en place, la carnassière et la première tuberculeuse. Ces dents ne nous ont rien montré de particulier. La carnassière a un assez fort tubercule interne. La troisième prémolaire est un peu oblique ; elle est biradiculée et ses alvéoles ont de longueur 12^{mm} ; les première et deuxième, celle-ci biradiculée, ont ensemble 17^{mm} et sont en série rectiligne ; la carnassière et les deux tuberculeuses ont, ensemble, 30^{mm}. La fig. 3, Pl. XIII, est très probablement une mandibule de la même espèce comme la tête, elle provient de la caverne du Grand Rocher; elle est un peu plus petite que celle attribuée au *canis latifrons* et elle a ses avant-molaires disposées en série droite rectiligne sur le bord alvéolaire. La série des molaires devait occuper une longueur de 72^{mm} dont 27^{mm} pour les prémolaires et 35^{mm} pour les arrière-molaires. La longueur totale de la mandibule est de 136^{mm}.

MENSURATION

Longueur totale des incisives à l'angle sagital.............	18^{mm}
Hauteur des bosses frontales sur le plan du palais.........	55
Plus grande largeur des pariétaux........................	50
Plus petit intervalle des orbites..........................	30
Distance des apophyses post-orbitaires...................	40

CANIS FAMILIARIS PROKELB

Pl. XIII, fig. 3 et Pl. XIV, fig. 6 et 7.

Le profil général du crâne est inconnu. Les pariétaux et temporaux sont seuls conservés, ils indiquent une taille peu différente de celle de l'*angustifrons* ; la crête sagitale n'est pas très saillante, mais elle est bien marquée et à peu près rectiligne ; l'angle sagital ne paraît pas avoir été très saillant en arrière, mais il est éraillé ; l'occipital n'est pas bien différent de celui de l'*angustifrons*, il est seulement un peu moins large et plus rugueux d'aspérités. Le canal ptérigoïde est large ; le sphénoïde antérieur est très prolongé vers le vomer en baguette atténuée ; le sphénoïde postérieur s'élargit assez fortement en arrière pour se synostoser avec le basilaire ; celui-ci est largement encastré entre les rochers qu'il borde de deux rugosités oblongues, plus saillantes contre les caisses et séparées, longitudinalement, par une mince arête obtuse. L'iconographie fera ressortir les différences de détail bien mieux qu'une description oiseuse, et démontrera que cet arrière-crâne est du type des *familiaris* et d'une race particulière de mâtins.

Je serais tenté d'attribuer à cette race de chiens une mandibule dépourvue de dents, mais portant encore les restes alvéolaires de toutes les dents. Cette mandibule, Pl. XIII, fig. 3, est un peu plus petite que celle de l'*angustifrons*, mais plus longue que celle du chacal, de sorte qu'il n'est pas impossible qu'elle ait appartenu au *prokelb*, elle est trop longue pour le *getulus*. L'os mandibulaire est un peu grêle, très droit, les alvéoles y sont en série continue et assez serrée, excepté entre les deuxième et troisième et entre les troisième et quatrième et une barre de 4^{mm} derrière la canine. Celle-ci a son alvéole de 9^{mm} de longueur. La carnassière était relativement assez étroite, longue de 18^{mm}, large en avant de 6^{mm}. Les deux tuberculeuses ont, ensemble, 12^{mm} ; les quatre prémolaires, 35^{mm} ; la série totale des alvéoles mesure 68^{mm}. La hauteur de la branche horizontale, sous la dernière tuberculeuse, est de 23^{mm} ; sous la première prémolaire, 17^{mm}. Il y a deux trous ouverts sur la face externe, l'un sous la deuxième prémolaire, l'autre plus petit sous la troisième. La distance de l'origine de la fosse massétérienne au condyle est de 40^{mm} ; la distance de la deuxième tuberculeuse au sinus du condyle est de 32^{mm}.

CANIS FAMILIARIS GETULUS

Pl. XIII, fig. 4 et 5 et Pl. XIV, fig. 4 et 5.

La ligne du profil n'est connue qu'au-dessus des pariétaux ; elle est légèrement arrondie en arrière. Les frontaux ont été, en majeure partie, rongés et les sinus sont à découvert ; la crête sagitale manque et presque dès son origine elle est remplacée par un méplat qui s'élargit en avant et la boîte crânienne paraît très globuleuse ; les pariétaux sont sensiblement gonflés au-dessus des temporaux, montrant une affinité avec le type des épagneuls de *F. Cuvier*; l'applatissement sagital se prolonge sur la base des frontaux. Le crâne est dépourvu de dents, mais a gardé ses alvéoles. Le palatin est enclavé entre les maxillaires jusqu'au devant de la carnassière ; il est bordé de trois trous inégaux. Les arrière-narines sont assez fortement échancrées et leur origine est beaucoup plus large que haute, caractérisant, sans conteste, le *canis familiaris* ; le sphénoïde antérieur est court et pénètre peu sous le vomer sous la forme d'une grêle baguette ; le sphénoïde postérieur, d'abord étroit et resserré en avant, s'élargit fortement en arrière entre les ptérygoïdiens en une lame qui se synostose au basilaire. Celui-ci, enclavé d'abord entre les caisses qu'il borde de larges rugosités, est médiocrement dégagé des condyles occipitaux.

La série alvéolaire des molaires est longue de 55^{mm} ; celles des prémolaires sont assez serrées, mesurant 25^{mm} derrière un très court diastème ; la carnassière devait avoir 16^{mm} ; la première tuberculeuse, avec un très gros talon, avait 15^{mm} de large sur 8^{mm} ; la dernière est mal conservée dans son alvéole. La largeur du palais entre les bords externes des tuberculeuses est de 53^{mm} et entre les talons externes 25^{mm}. Je pense pouvoir attribuer à la même espèce un maxillaire qui a gardé presque tous les alvéoles dentaires, mais a perdu toutes ses dents, sauf la carnassière. La base antéro-externe du cône est relevée d'un petit bourrelet. Le bord antérieur du cône porte une faible arête; mais le talon de la base interne est très réduit et à peine saillant.

Il se pourrait, cependant, qu'on pourrait douter sur la légitimité de cette attribution et la remplacer par une autre d'un maxillaire de taille à peine plus forte, mais montrant quelque différence dans la structure de sa carnassière. Cette dent a un talon interne moins rudimentaire et en forme de petit tubercule ; elle porte aussi un dentelon basilaire antérieur qui, très probablement, indique une autre race que la précédente, mais, en l'état de la question, il serait hasardeux de la résoudre. En attendant d'autres documents, nous réservons le nom appliqué au crâne figuré, en indiquant comme probable la réunion du premier maxillaire à la tête; ces deux animaux devant être peu différents en taille du chacal.

J'ai d'autres indications, de formes encore distinctes, de races de chiens domestiques, mais insuffisantes pour les caractériser. Il est certain que le chien domestique a été figuré sur les tableaux rupestres et j'en ai reproduit des images qui sont incontestables; mais il nous serait bien prétentieux de vouloir essayer de les déterminer. Il devait même y en avoir de plusieurs races, d'après nos matériaux étudiés; nos tableaux rupestres semblent même attester qu'il y en avait d'absolument domestiques et pas seulement des commensaux de l'homme d'alors.

HERPESTES ILLIG.

Les débris que nous attribuons à ce genre nous paraissent ressembler beaucoup à ce qu'ils pourraient être dans la mangouste de Pharaon; ils proviennent de Pointe-Pescade; ils ne sont pas suffisamment caractéristiques et ce n'est pas sans hésitation que nous les attribuons ici, d'autant plus qu'il ne nous a pas été possible de nous procurer le squelette de cette bête qui, cependant, n'est pas trop rare. Une portion de mâchoire aurait cependant suffit pour lever nos doutes.

Les pièces recueillies consistent en un arrière-crâne, Pl. XV, fig. 1 à 5, mutilé sur le côté, en arrière de l'étranglement orbitaire; la boîte crânienne est oblongue. Elle porte une longue crête sagitale assez saillante et longue et bien détachée; une des caisses est prohéminente en dessous plus que chez les *mustéliens*; l'occipital est étroit et ses crêtes sont bien développées en saillie et en largeur ; une fracture de la paroi du crâne permet de voir la tente du cervelet qui est très développée.

Un autre fragment de crâne, Pl. XV, fig. 6 et 7, comprend la région sagitale et la face presque complète. La tente du cervelet n'y est cependant pas marquée, et le crâne ne s'étend pas jusqu'à l'occipital ; il paraît avoir été étroit ; le museau est raccourci devant les apophyses post-orbitaires qui sont assez saillantes en dehors. Cette portion de crâne a tout-à-fait la physionomie d'un *vermiforme*, *viverien* ou *mustelien* ; si ces pièces proviennent de la même espèce, elles indiquent un animal voisin pour la taille et les formes des parties connues, surtout de la mangouste de Pharaon des auteurs, *Herpestes pharaonis Illig*. L'espèce nommée *Herpestes numidica* n'en serait peut-être qu'une variété particulière à la Barbarie et qu'en l'état de mes documents je ne saurais ni caractériser ni déterminer.

Ces ossements ont été trouvés dans la grotte récente de Pointe-Pescade.

J'ai vu, des grottes des environs d'Oran, un morceau de mandibule ayant appartenu à un animal en apparence de même taille ; la carnassière, seule conservée, avait un caractère nettement insectivore dans son talon pourvu d'un denticule interne bien détaché et fortement soulevé comme chez les *herpestes* et, probablement, avait appartenu à une espèce de ce genre, peut-être à la même provenant de Pointe-Pescade, ce que je n'ai pas la possibilité de vérifier ; en tous cas, il y a là une concordance qui peut justifier cet essai de détermination.

ZORILLE DE VAILLANT

Ici je n'ai point de doute sur la détermination, mais l'analogie est tellement grande avec le vivant, que je me demande si notre animal est réellement fossile ; car il a été découvert à Ternifine, dans le terrain sablonneux qui contient les ossements fossiles incontestables : éléphant, rhinocéros ; mais quoiqu'il s'y soit trouvé profondément enfoui, on peut se demander si ce n'est pas un sujet mort dans son terrier.

Quoi qu'il en soit, le crâne parfaitement conservé est figuré Pl. XV, fig. 8 à 11. Il a toutes les proportions d'un mustelien ; la face très courte, la boîte cérébrale étalée peu bulleuse, le front très étranglé, la crête sagittale très effacée, les racines peu saillantes et bien étalées.

Le système dentaire comprend $\frac{2}{3}$ prémolaires et $\frac{1}{1}$ tuberculeuse, c'est presque la formule du genre putois, mais la tuberculeuse supérieure n'est point étranglée, mais oblongue parallelo-grammique ; la carnassière inférieure porte un denticule interne qui manque au putois : c'est, du reste, un animal très puant qui n'est pas très rare dans la région sablonneuse des environs d'Oran ; c'est un amateur passionné du ver blanc, qu'il fouille au pied des ceps de vigne.

Je fais figurer, grossie au double, la série dentaire supérieure et inférieure, Pl. XV, fig. 14 et 15 et fig. 12 et 13, la mandibule sur deux faces, de grandeur naturelle.

RÉSUMÉ ET CONCLUSIONS

En résumé, nous avons fait connaître un certain nombre de débris de carnassiers fossiles de nos terrains quaternaires.

Le genre *felis* y figure par le *felis spelœa* et par une autre espèce moins connue, pouvant avoir de l'affinité avec la panthère.

Le genre hyène y est représenté par des mâchoires paraissant bien identiques à celles de *h. spelœa* ; avec elle, s'est trouvée une hyène qui paraît bien être *h. vulgaris*.

L'ours est représenté par une espèce dont les trois fausses molaires supérieures ont dû être persistantes ; dans l'incertitude de son attribution à l'une des espèces de Bourguignat, j'en fais l'*ursus libycus* de la taille environ de l'*ursus etruscus*.

Le genre *canis* est représenté par le chacal, qui est très incomplètement connu encore, mais paraît bien être le même que le vivant. Puis le *canis familiaris* est fréquent ; nous y avons reconnu quatre races distinctes, probablement des sous-espèces, dont quelqu'une au moins était domestique.

Une tête de zorille, peut-être le zorille de Vaillant, n'est probablement que de l'espèce, vivant dans le pays, morte dans son terrier, dans les sables de Palikao, Ternifine. Des débris d'un vivérien, peut-être le *vivera pharaonis (ichneumon)*, mais incomplets, proviennent de Pointe-Pescade et sont peu déterminables.

TABLE ANALYTIQUE

EXPLICATION DES PLANCHES

EXPLICATION DES PLANCHES

Pl. I. — G. N.

URSUS LIBYCUS

Figure 1. Mâchoire supérieure, vu par le palais, montrant en place l'incisive externe, les trois alvéoles des autres incisives, la canine, l'alvéole de la première avant-molaire, des trous de l'alvéole de la seconde, la troisième, une carnassière et les tuberculeuses des deux côtés ; de la grotte de Pointe-Pescade.

— 2. La même pièce, vue de profil. La couronne de la deuxième tuberculeuse dépasse à peine l'alvéole.

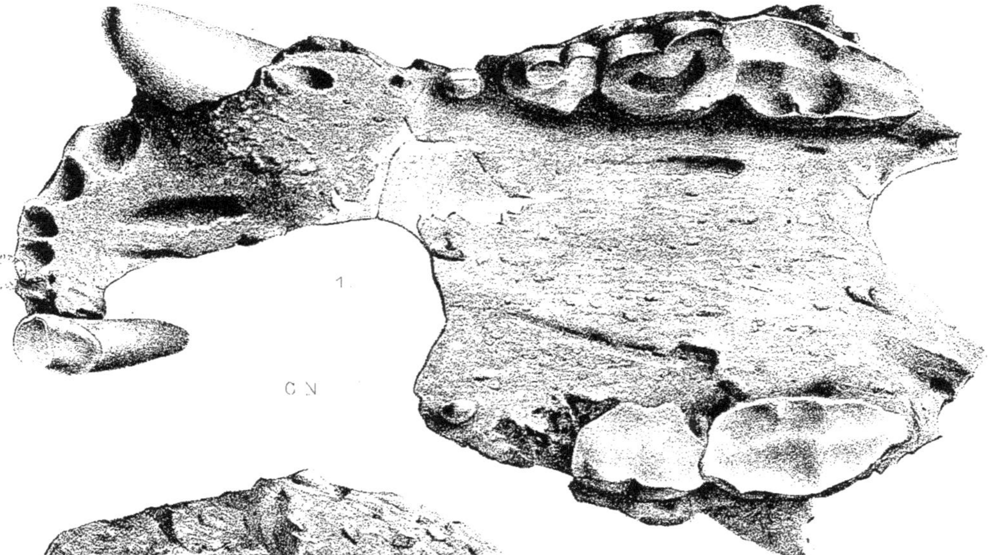

1.

G. N.

2.

M. Ferrand, del. et lith.

Imp. Monrocq, à Paris

EXPLICATION DES PLANCHES

Pl. II. — G. N.

URSUS LIBYCUS

Figure 1. Atlas, vu par la face antérieure ; de Pointe-Pescade.

— 2. Le même, vu par la face supérieure.

— 3. Le même, vu par la face inférieure.

— 4. Axis, vu de profil ; de Pointe-Pescade.

— 5. Le même, vu par l'apophyse épineuse.

— 6. Tête supérieure du radius, vue par la face articulaire ; de Pointe-Pescade.

— 7. Tête inférieure de fémur, vue par derrière ; de Pointe-Pescade.

— 8. La même, vue par la face inférieure.

— 9. Metatarsien medius, vu par devant ; de Pointe-Pescade.

— 10. Le même, vu de profil.

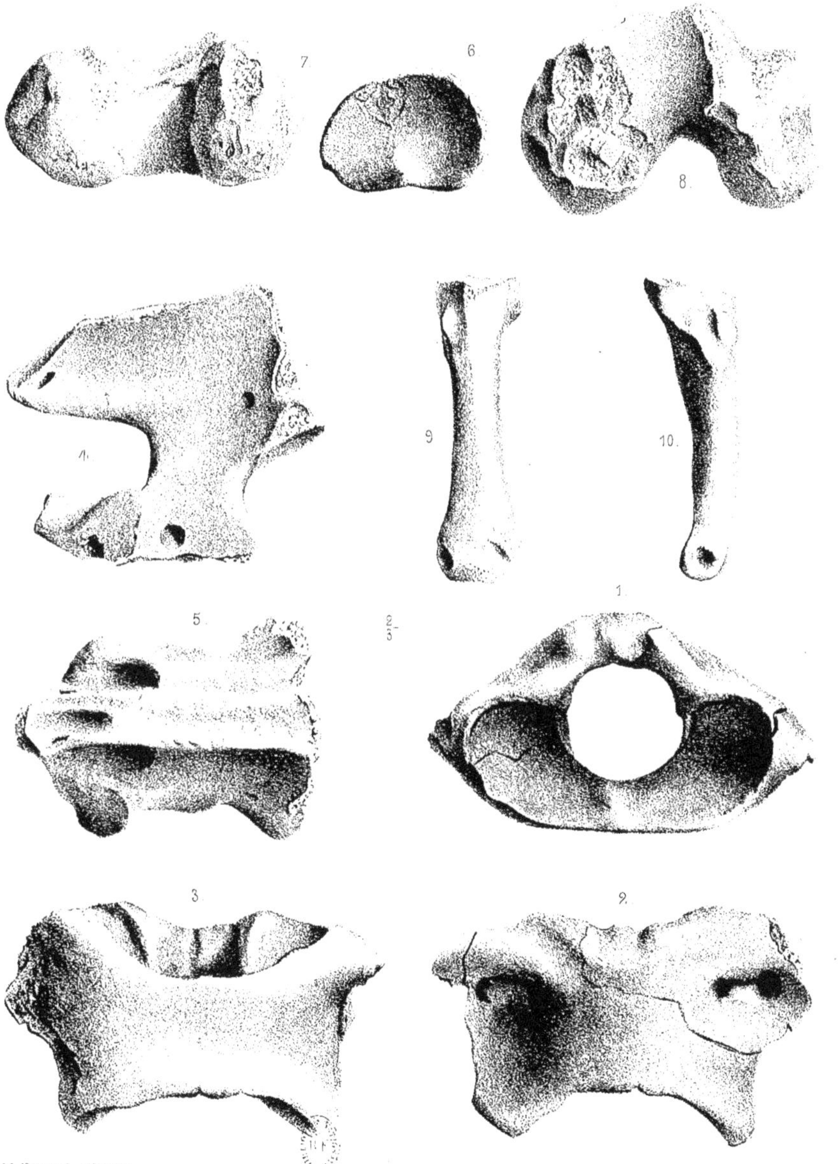

M. Ferrand, del et lith

Imp. Monrocq, à Paris.

EXPLICATION DES PLANCHES

PL. III. — G. N.

HYŒNA SPELŒA

Figure 1. Mandibule, avec ses molaires, vue par la face interne ; de Palikao.

— 2. La même, vue par la face externe. La scissure entre les deux lobes est un peu exagérée. Le talon est moins développé que du côté externe ; on voit, en avant, un tronçon de racine de la canine.

— 3. La série des molaires et de la canine, vue par la couronne de la même pièce.

Reproduction d'un dessin de Mademoiselle Marie Lamarca ; collection de la ville d'Oran.

G. N.

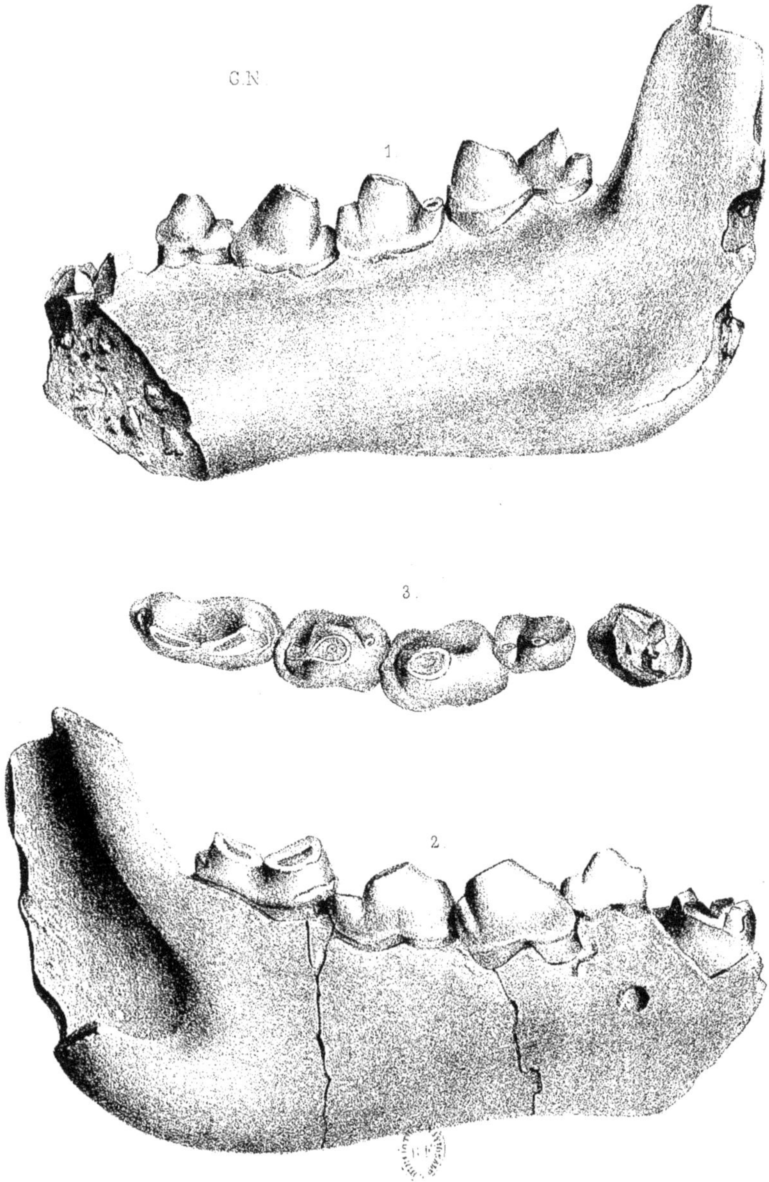

M. Ferrand, del et lith. Imp. Monrocq, à Paris.

EXPLICATION DES PLANCHES

PL. IV. — G. N.

HYŒNA Cf. SPELŒA

Figure 1. Occipital d'un crâne trouvé dans les fouilles d'un puits, à St-Arnaud. On y voit l'origine des arcades zygomatiques des caisses auditives ; le sommet de l'arrête est tronqué. — Don de M. Reuss, à l'Ecole des Sciences.

— 2. Le même, vu par la face inférieure, montrant les facettes glénoïdes, les débris des caisses auditives, le basilaire, le sphénoïde.

1 G.N.

2 G.N.

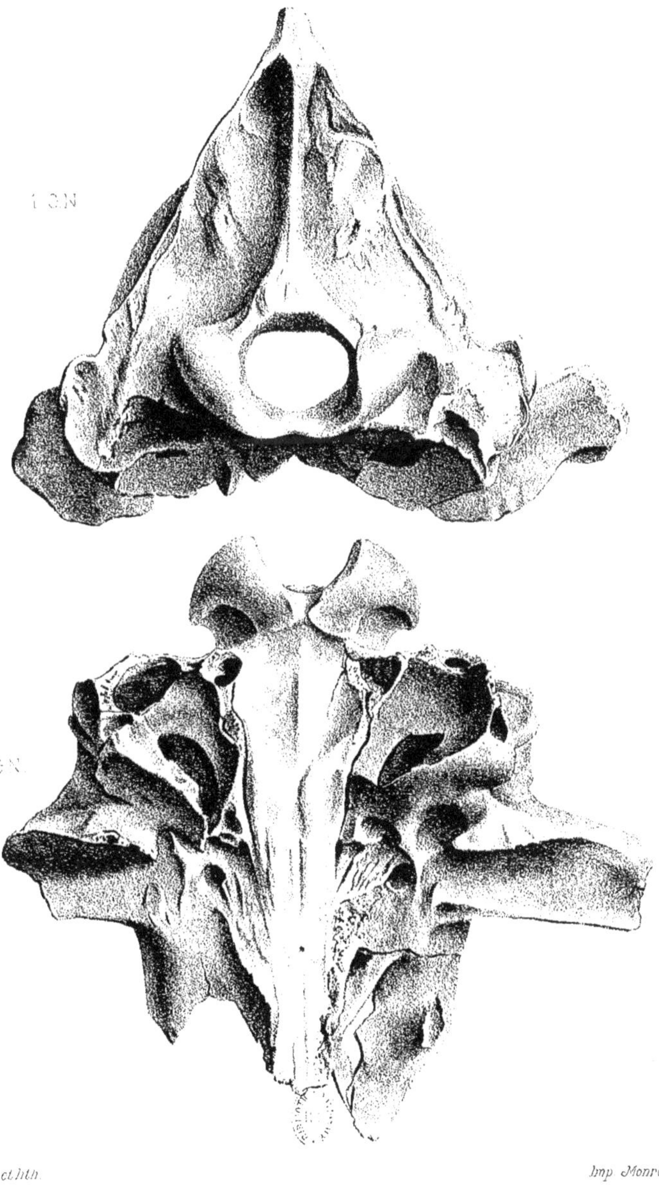

EXPLICATION DES PLANCHES

PL. V. — G. N.

HYŒNA

Figure 1. Crâne rongé par le porc-épic de la caverne du Grand Rocher, vu de profil, montrant les sutures fronto-pariétale et temporale de *hyœna vulgaris*.

— 2. Le même, vu par dessus, avec les sutures pariétales et leur saillies dans le frontal.

— 3. Mandibule de *hyœna spelœa*, vue par la face externe, recueillie par M. Chopin dans une grotte au bout du boulevard Bru. Mustapha-Supérieur.

— 4. Carnassière inférieure de *hyœna vulgaris*, sortant de son alvéole, vue par la face externe, avec son talon lobulé, trouvée par M. Chopin dans la même grotte.

— 5. La même dent, vue par la face postérieure, montrant les lobules du talon.

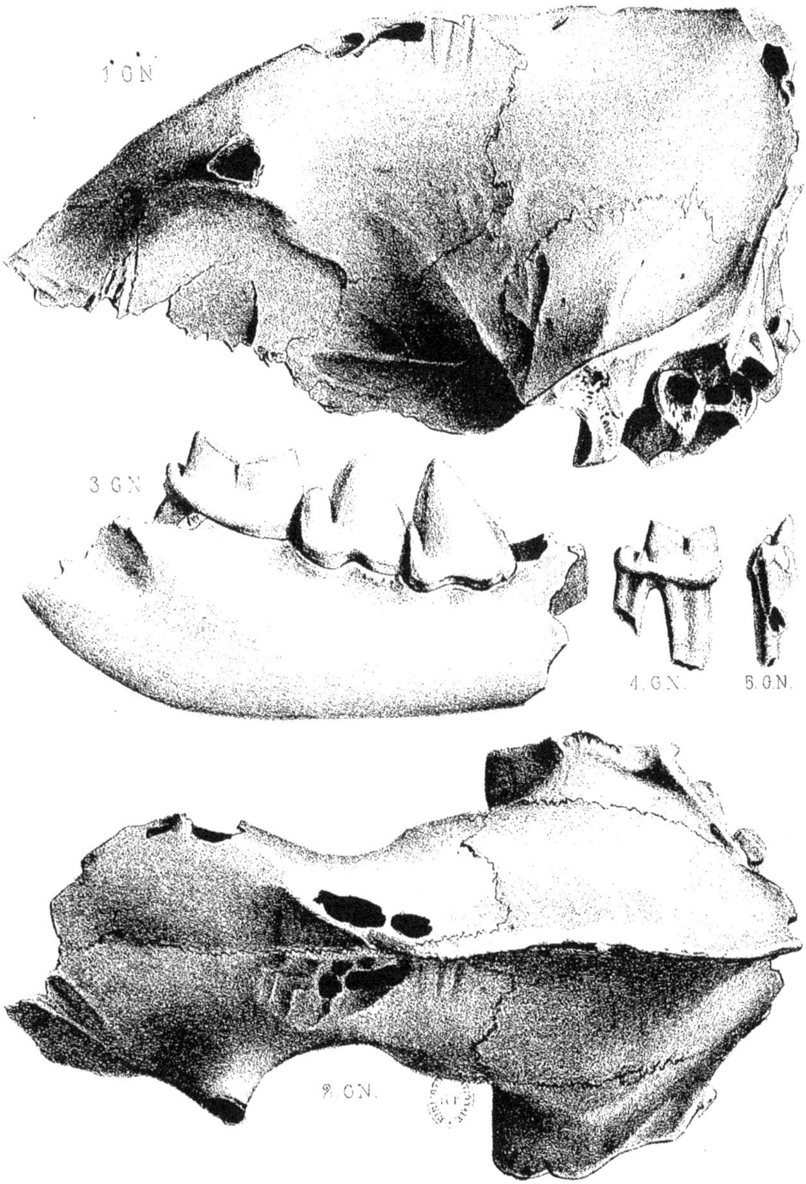

M. Ferrand del et lith

Imp. Monrocq, à Paris

EXPLICATION DES PLANCHES

Pl. VI. — $^2/_3$.

Figure 1. Tronçon de tibia de *felis cf. spelœa*, vu de profil du côté externe ; route de St-Arnaud aux Beni-Fouda. — Don de M. Reuss.

— 2. Le même, vu du côté intérieur.

— 3. Tronçon de fémur de *felis cf. spelœa*, vu du côté postérieur ; route de St-Arnaud aux Beni-Fouda. — Don de M. Reuss.

— 4. Le même, vu du côté extérieur.

— 5. Humérus de *hyæna spelœa*, vu de profil interne ; de la grotte du Grand Rocher.

— 6. Le même, vu par devant, montrant le trou olécranien.

— 7. Humérus de *felis cf. antiqua*, vu par la face postérieure : de la grotte du Grand Rocher.

— 8. Le même, vu par devant, montrant le trou épicondylien interne, brisé.

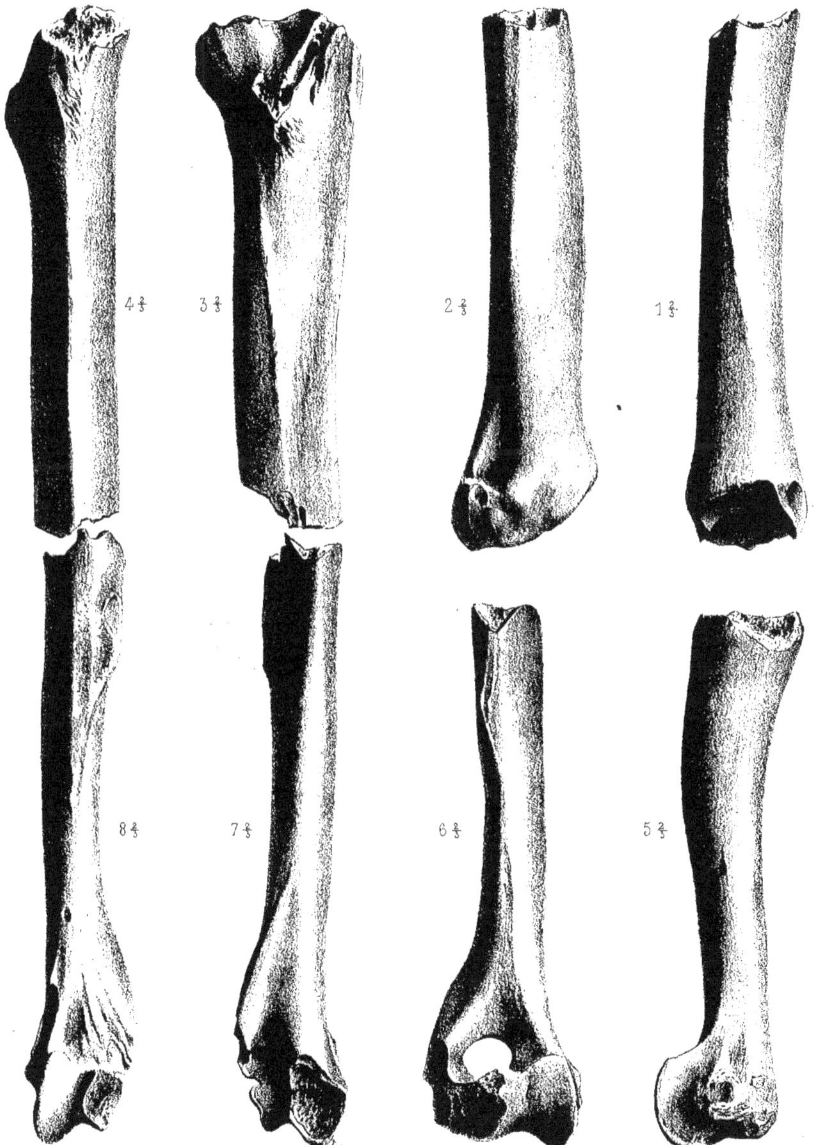

M. Ferrand, del. et lith.

Imp. Monrocq, à Paris

EXPLICATION DES PLANCHES

PL. VII.

Figure 1. *Hyæna vulgaris*, crâne, vu par dessous, le même que celui de Pl. V ; de la grotte du Grand Rocher, G. N.

— 2. Fémur rongé d'un porcien (Phacochère ?), vu du côté postérieur, figuré ici par mégarde ; du Grand Rocher, $^2/_3$.

— 3. Le même, vu du côté postérieur.

— 4. Cubitus, fragment supérieur, de *felis spelæa*, vu de face ; de Palikao, $^2/_3$.

— 5. Le même, vu de profil externe.

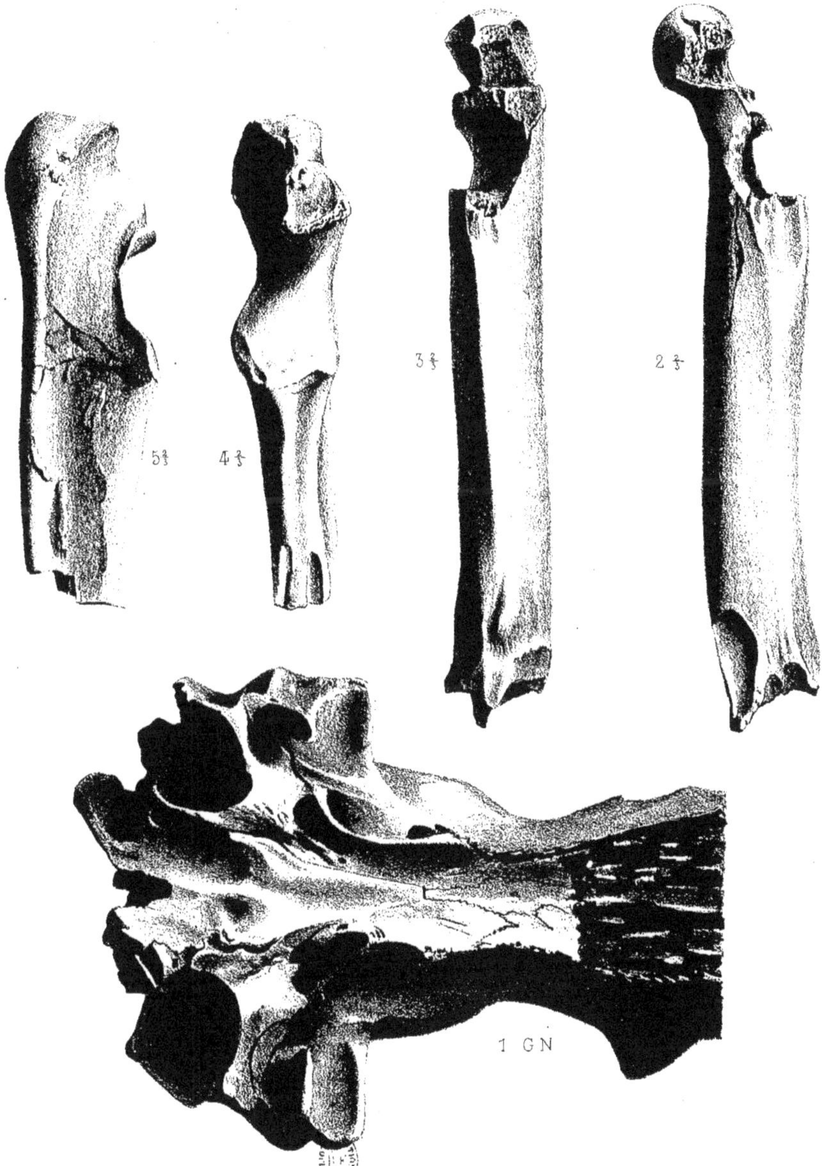

M. Ferrand, del et lith

Imp Monrocq, à Paris.

EXPLICATION DES PLANCHES

Pl. VIII. — $^2/_3$.

Figure 1. Vertèbre dorsale d'*ursus libycus*, vue par derrière : de l'ancienne grotte de Pointe-Pescade.

— 2. La même, vue par devant.

— 3. La même, vue de profil.

— 4. La même, vue par la face inférieure.

— 5. Vertèbre cervicale de *felis spelœa*, vue par dessus ; de la grotte de Bougie.

— 6. La même, vue de profil.

— 7. La même, vue par devant.

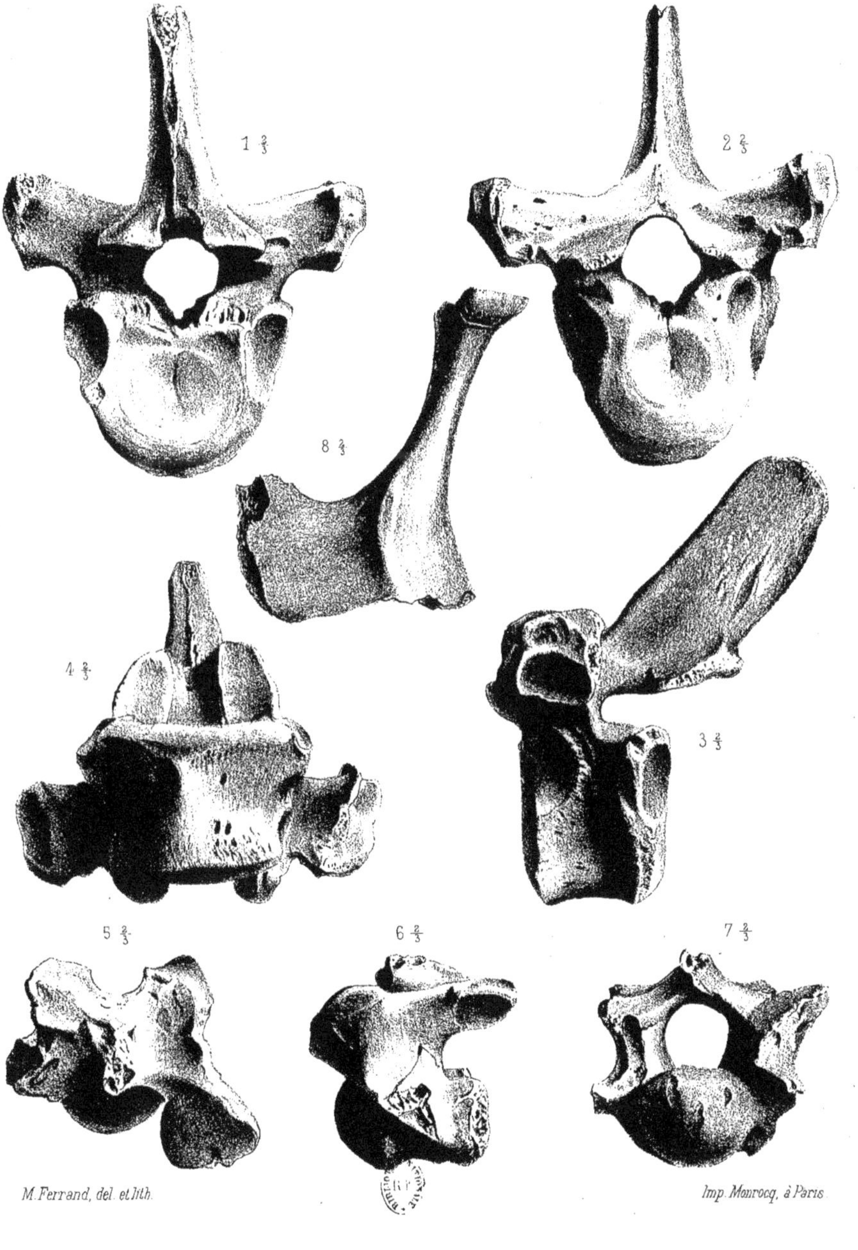

M. Ferrand, del. et lith.

Imp. Monrocq, à Paris.

EXPLICATION DES PLANCHES

Pl. IX. — 2/3.

Figure 1. Omoplate de *felis spelœa ?* du Grand Rocher.

— 2. Humérus, vu de profil interne, de *felis spelœa*, montrant le trou épicondylien interne; d'une fente de la mine de fer de Beni-Saf.

— 3. Le même, vu par la face antérieure.

— 4. Calcaneum de *felis spelœa*, vu par la face interne ; des phosphorites d'Aïn-Mefta.

— 5. Le même, vu par la face supérieure.

— 6. Apophyse coracoïde d'*ursus libycus*, vue extérieurement ; de l'ancienne grotte de Pointe-Pescade.

— 7. La même, vue de profil.

— 8. Cavité cotyloïde d'un bovidé, dessinée ici par erreur à la place d'une cavité cotyloïde de l'*ursus libycus*, non figuré.

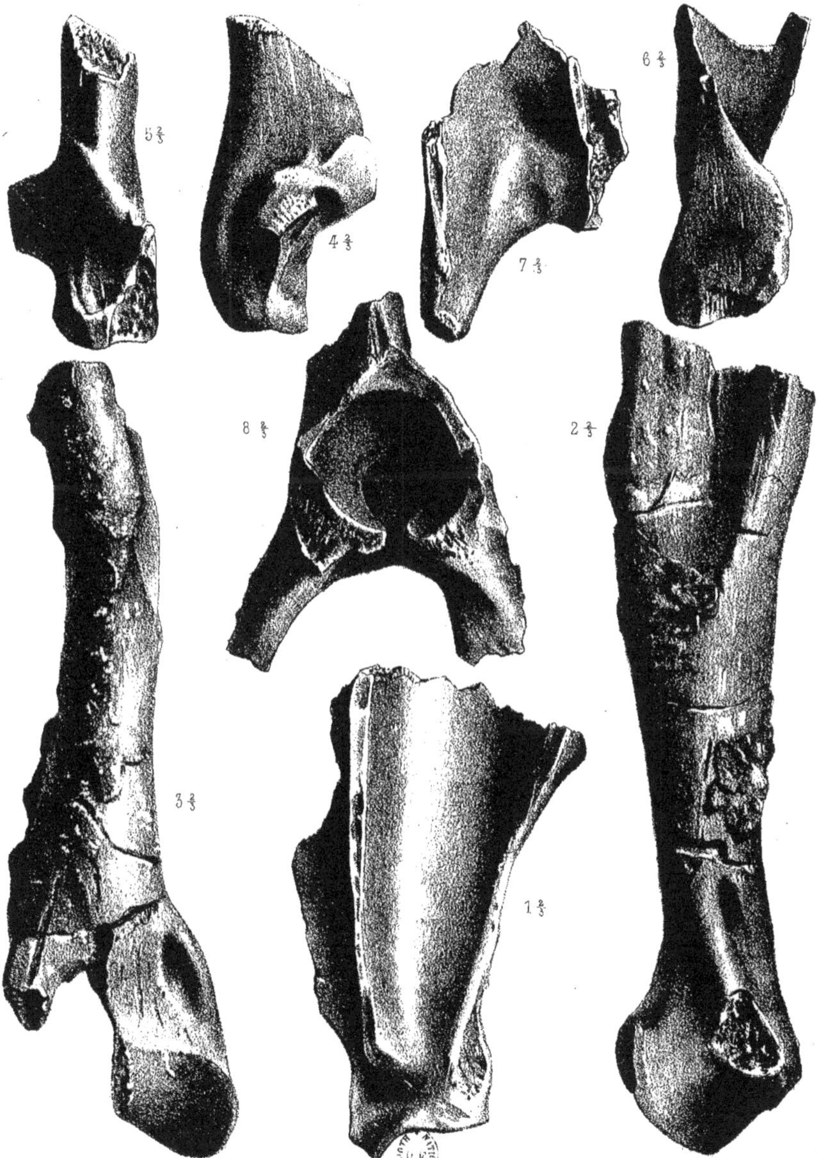

M. Ferrand, del. et lith

Imp. Monrocq, à Paris.

EXPLICATION DES PLANCHES

Pl. X.

Figure 1. Canine inférieure de *felis spelœa*, vue par la face externe, trouvée par M. Blayac ; des grottes de l'oued Cham supérieur, G. N.

— 2. La même, vue par la face interne.

— 3. Carnassière inférieure de *felis spelœa*, vue extérieurement, trouvée par M. Blayac ; de l'oued Cham, G. N.

— 4. La même, vue intérieurement.

— 5. Incisive supérieure externe de *felis spelœa*, vue du côté interne ; de l'oued Cham, G. N.

— 6. La même, vue du côté externe.

— 7 et 8. Incisive inférieure externe de *felis spelœa*, vue sur deux faces, trouvée par M. Blayac ; de l'oued Cham.

— 9 et 10. Vertèbre dorsale de *felis spelœa* ; de l'oued Cham.

— 11, 12, 13. Vertèbre cervicale de *felis cf. spelœa*, vue par dessus, de profil et par derrière ; des Beni-Fouda.

— 14 et 15. Métatarsien d'*ursus libycus*, vu devant et par côté ; des fentes à phosphorites de Souk-el-Arba, G. N.

— 16 et 17. Fragment de métacarpien d'*ursus libycus* ; de Souk-el-Arba, G. N.

— 18 et 19. Fragment de métatarsien de *felis spelœa* ; de Souk-el-Arba, G. N.

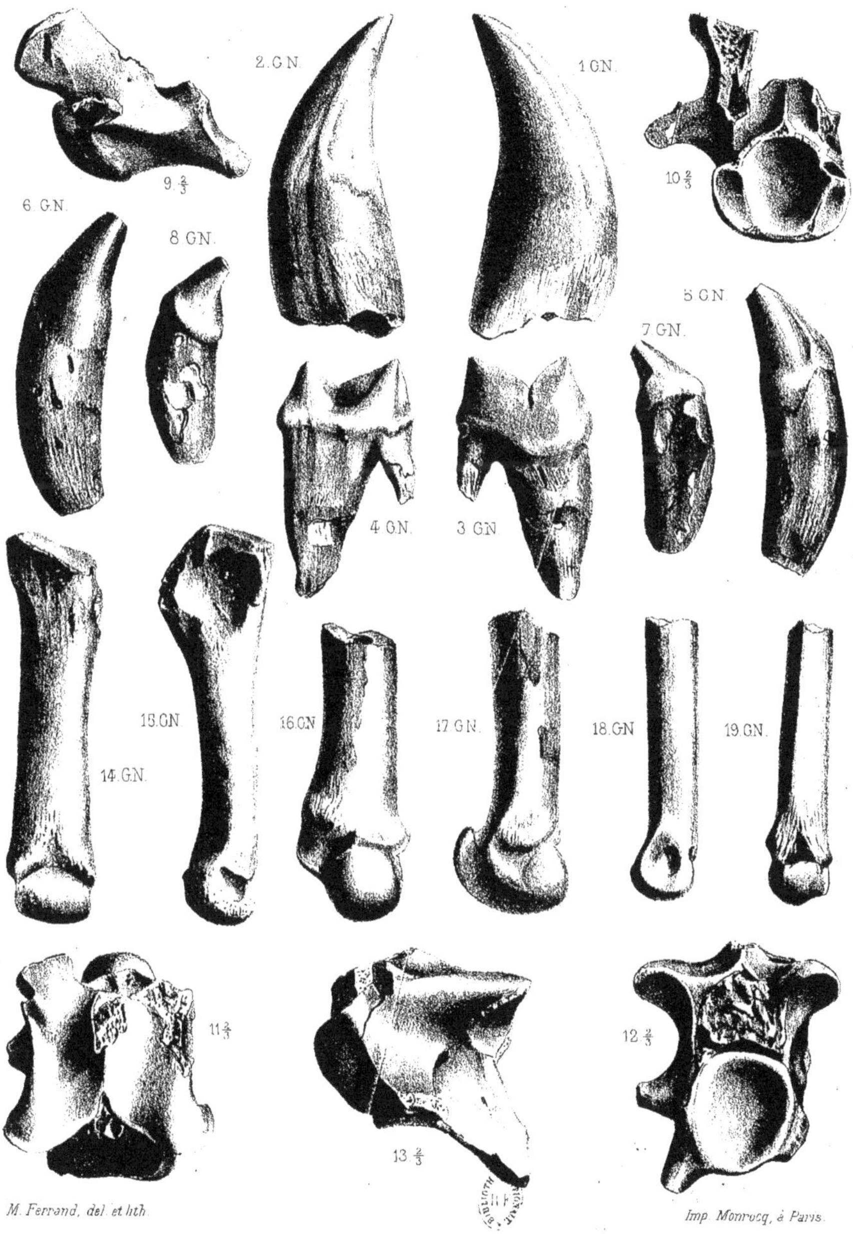

M. Ferrand, del. et lith.

Imp. Monrocq, à Paris.

EXPLICATION DES PLANCHES

PL. XI. — G. N.

Figure 1. Crâne de *canis familiaris latifrons*, vu par dessus ; grotte du Grand Rocher.

— 2. Le même, vu par la face palatine et par les arrière-narines.

— 3. Carnassière et première tuberculeuse supérieures, vues dessous ; grotte du Grand Rocher.

— 4. Mandibule avec ses dents, vue du côté interne ; grotte du Grand Rocher.

— 5. Alvéoles des avant-molaires de la même.

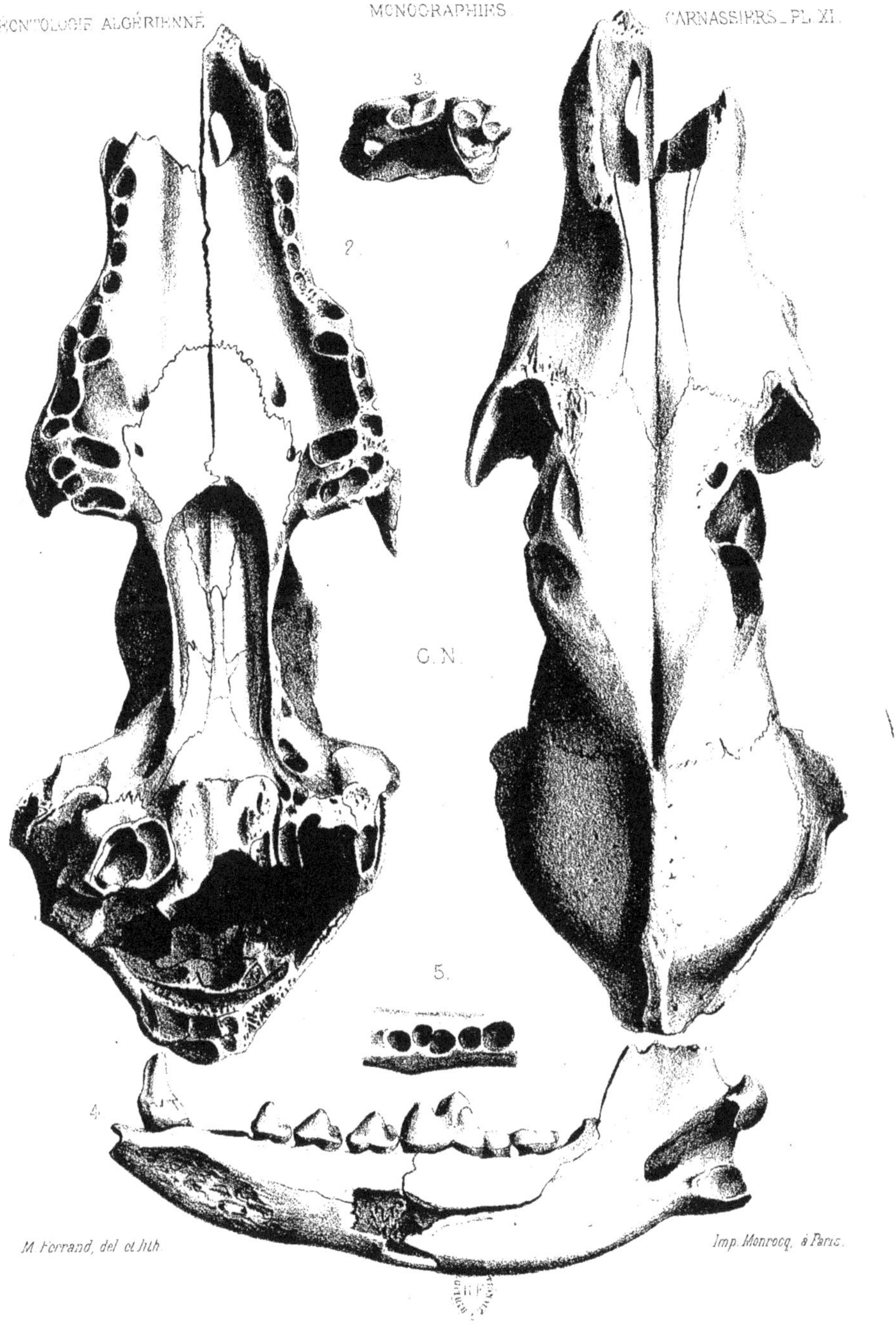

M. Ferrand, del. et lith. Imp. Monrocq, à Paris.

EXPLICATION DES PLANCHES

Pl. XII. — G. N.

Figure 1. Crâne de *canis familiaris angustifrons*, vu par-dessus ; de la grotte du Grand Rocher.

— 2. Le même, vu par la face palatine et les arrière-narines.

— 3. Mandibule avec des dents arrière-molaires, vue par la face externe ; de la grotte du Grand Rocher.

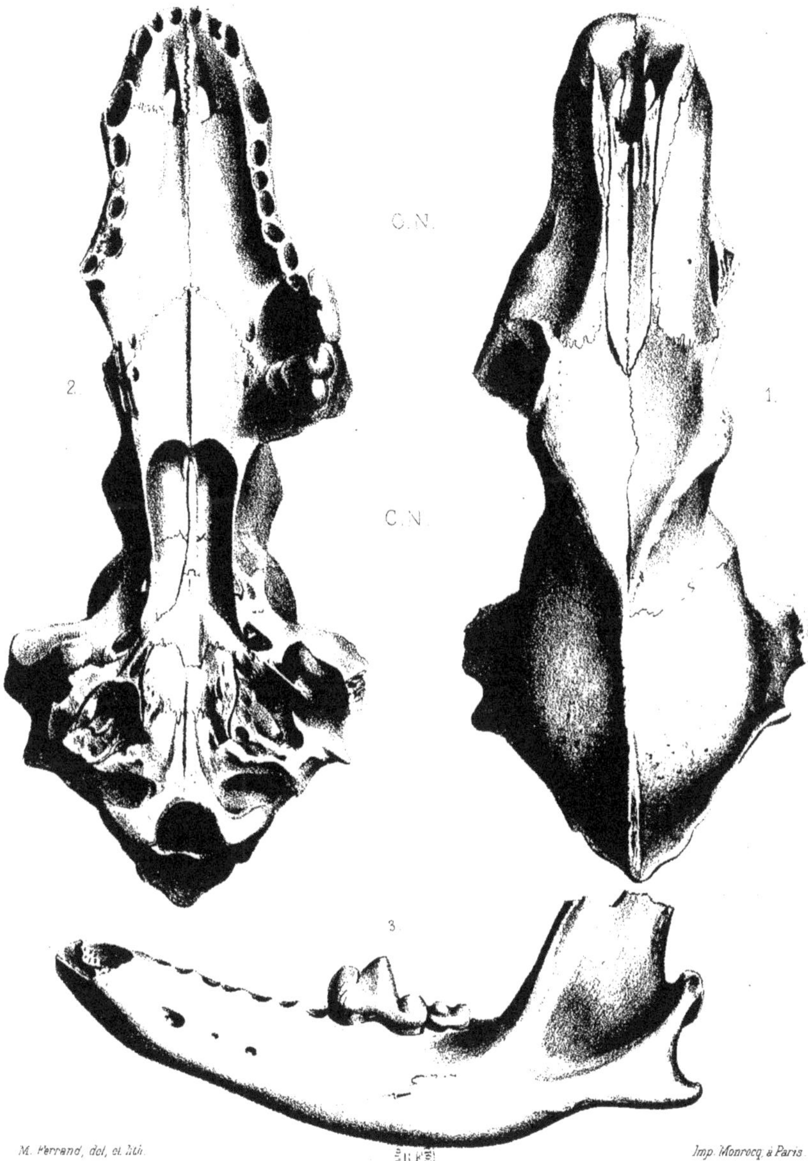

M. Ferrand, del. et lith.

Imp. Monrocq, à Paris.

EXPLICATION DES PLANCHES

Pl. XIII. — G. N.

Figure 1. Crâne de *canis familiaris latifrons*, vu de profil (le même de Pl. XI) ; du Grand Rocher.

— 2. Crâne de *canis familiaris angustifrons*, vu de profil (le même de Pl. XII) ; du Grand Rocher.

— 3. Maxillaire portant la carnassière et les alvéoles des autres dents du *canis familiaris getulus* ? du Grand Rocher.

— 4. Maxillaire portant la carnassière et les alvéoles des autres dents différent peu du précédent, mais ayant peut-être appartenu au *canis getulus* ; de la grotte du Grand Rocher.

— 5. Mandibule sans dents du *canis familiaris prokelb*, vu du côté externe ; du Grand Rocher.

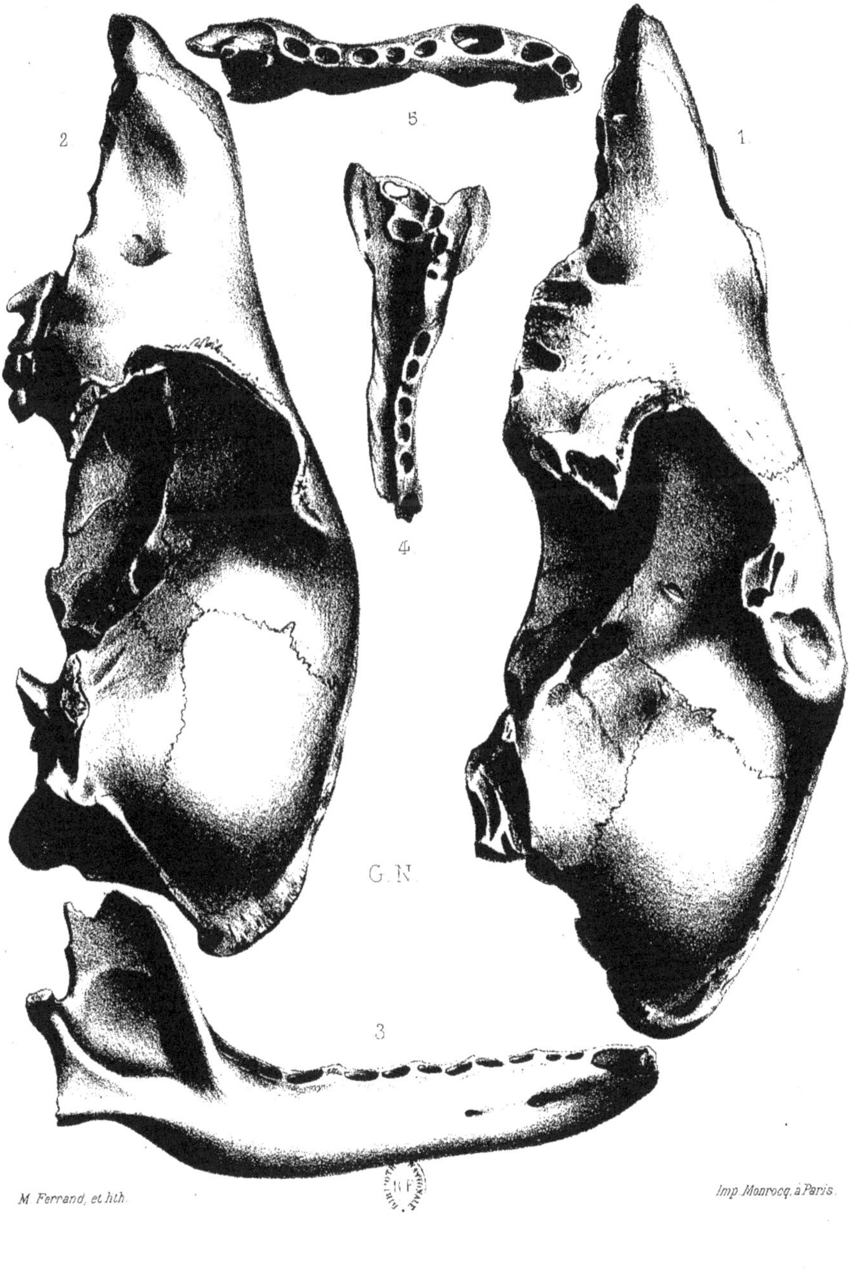

M. Ferrand, et lith. Imp. Monrocq, à Paris.

EXPLICATION DES PLANCHES

Pl. XIV. — G. N.

Figure 1 et 2. Carnassière supérieure de *canis aureus*, vu par la face interne et antérieure, trouvée par M. Maupas ; brèche osseuse de l'oued Knis.

— 3. Fosse ptérigoïdienne et sphénoïde du *canis aureus* ; caverne du Grand Rocher.

— 4. Crâne de *canis familiaris getulus*, vu par dessus ; de la caverne du Grand Rocher.

— 5. Le même, vu par la face inférieure palatine et ptérigoïdienne.

— 6. Arrière-crâne du *canis familiaris prokelb*, vu par dessus ; de la caverne du Grand Rocher.

— 7. Le même, vu par la face ptérigoïdienne.

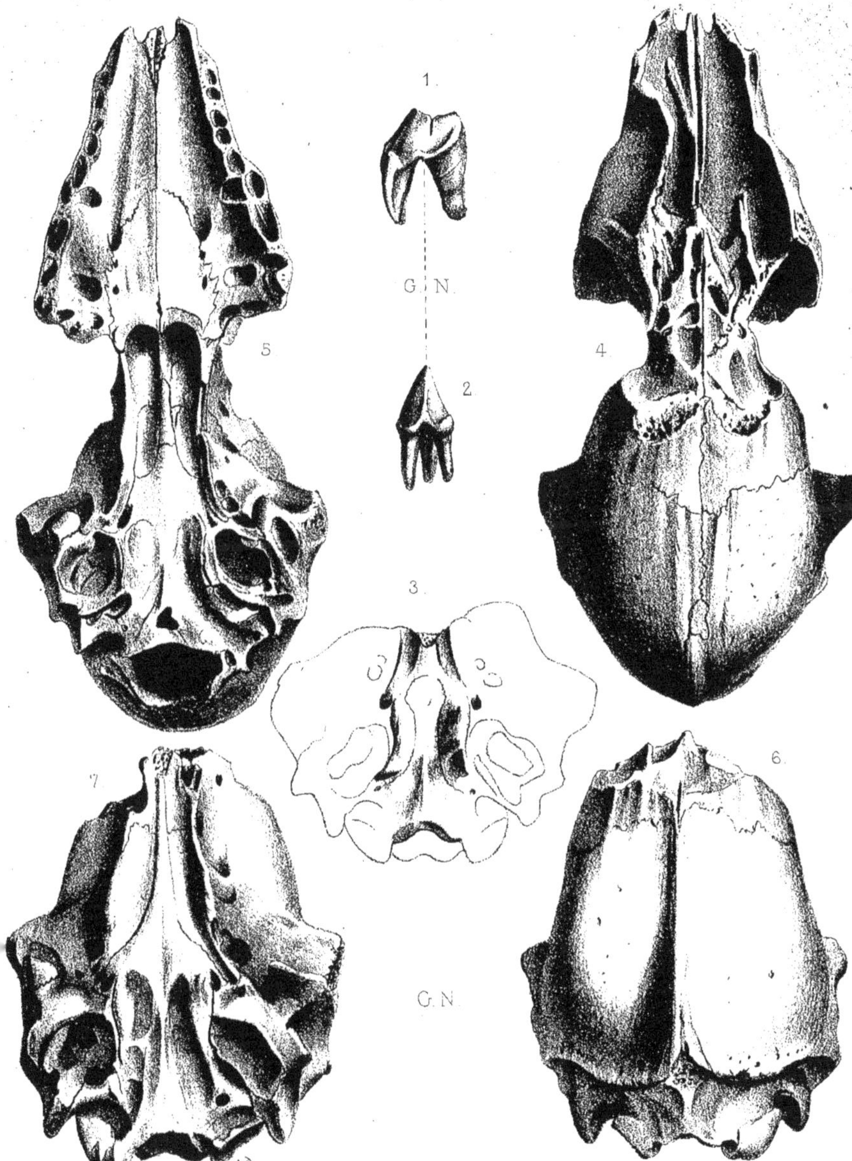

M. Ferrand, del. et lith. Imp. Monrocq, à Paris.

EXPLICATION DES PLANCHES

Pl. XV. — G. N.

Figure 1. Crâne de *herpestes*, vu par dessus ; de Pointe-Pescade.

— 2. Le même, vu de profil gauche.

— 3. Le même, vu de profil droit.

— 4. Le même, vu par l'occipital.

— 5. Autre crâne de *herpestes*, vu par l'arête sagittale ; de Pointe-Pescade.

— 6. Le même, vu de profil.

— 7. Crâne de zorille, vu par dessus ; de Palikao.

— 8. Le même, vu de profil.

— 9. Le même, vu par dessous.

— 10. Mandibule, vue par dehors, du même.

— 11. Mandibule, face intérieure.

— 12. Molaires supérieures, vues par la couronne + 1.

— 13. Molaires inférieures, vues par la couronne + 1.

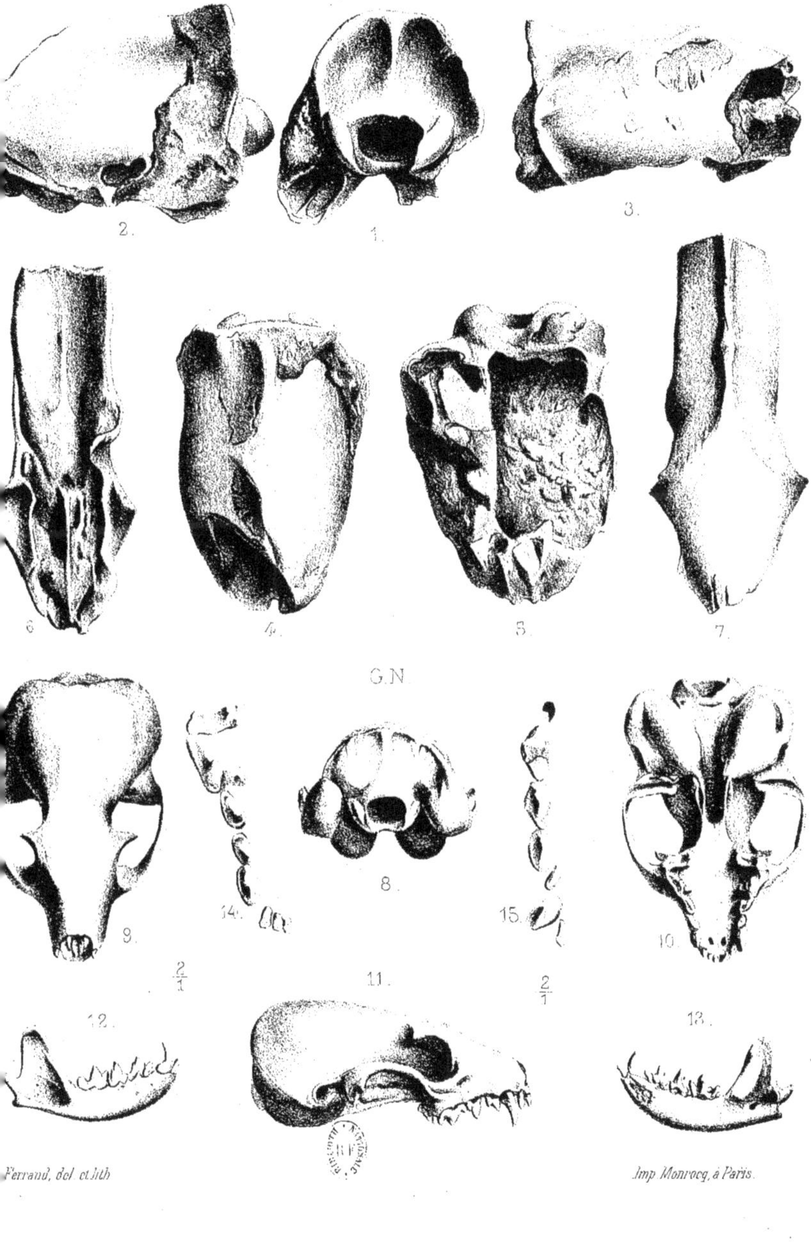

Ferrand, del et lith

Imp Monrocq, à Paris.

www.ingramcontent.com/pod-product-compliance
Ingram Content Group UK Ltd.
Pitfield, Milton Keynes, MK11 3LW, UK
UKHW031923260826
14628UKWH00003B/1380

9 782014 031461